U0142147

ビジネスモデルの未来予報図

齊田興哉———著
張萍———譯

未來商業模式預測圖

書泉出版社 印行

前言

INTRODUCTION

近年來經常看到預測未來的相關書籍，推測背後的原因是科技正用一種驚人的速度持續「進化」中。全球企業都在用極為猛烈的速度在發展著未來科技。

聽到這樣的消息，身為社會人士應該會相當關心這件事情與個人所屬企業的業務有怎樣的關聯性、對於未來會有怎樣的變化等而抱持著期待與不安感吧！現在拿起這本書的讀者當中，有些人或許是想要學習商務人士相關能力、有些人是想要提升自我能力、有些人則想要運用於個人的職涯。如果是學生，亦可能是為了提升素養、研究或是就職、職涯規劃等。希望本書能夠從不同角度對各位讀者帶來助益。

本書以《未來商業模式預測圖》為書名，係從筆者個人的獨斷與偏見篩選出最新科技，並且試著提筆寫出該項科技未來將會如何發展、可以運用在怎樣的商業模式上。

當然，筆者並沒有預測未來的特殊能力。因此，書中內容有可能會實現，也有可能無法實現。

本書的重點並非正中紅心與否，而是期望能夠廣泛提供給讀者不論是已具備現實感的科技，或是會讓人想起 SF（科幻小說）的科技概念。

　　因此，筆者在現有商業模式基礎下，以個人邏輯執筆寫下倘若該項科技得以有所發展，未來將會出現怎樣的商機。然而，如果各位讀者可以暫時忽略何時得以實現，以及未來將會發展成何種商業模式的不確定性，筆者將不勝感激。

　　撰寫本書當然希望能夠在商業方面有所助益，也希望有更多人願意拿起本書並且樂在其中，因此也會融入一些娛樂元素。針對這個部分，感謝出版社編輯以及設計師們特別給予協助。

　　抱歉，自我介紹的部分稍微晚了一點。本人在研究所時期研究的是核融合領域，在取得工學博士學位後，進入宇宙航空研究開發機構 JAXA，執行過二顆人造衛星開發計畫。而後進入日本綜合研究所股份有限公司，向政府機關和一般公司行號提供宇宙產業顧問諮詢服務。目前專注於宇宙產業相關科技，廣泛關注科技發展趨勢，從事資訊發布以及顧問相關服務。期望能夠以我個人經驗為各位讀者帶來些許幫助。

齊田興哉

CONTENTS

BUSINESS MODEL

2020-2030

1 為夜空增色的人造流星 ⟶ 人造流星 P.010

2 穿上動力服，
可以讓沉重的工作變輕鬆嗎？ ⟶ 動力服 P.014

3 不需具備時尚眼光！
讓 AI 幫你挑選出最適合的服裝 ⟶ 時尚科技 P.018

4 利用 3D 美妝印表機，
全自動上妝！ ⟶ 3D 美妝列印 P.022

2030

5 利用 AI 預測犯罪！
在犯罪前逮捕可疑人物 ⟶ 犯罪預測 P.026

6 用來保護資訊的「安全運算」，
未來會是人人皆可使用的服務 ⟶ 安全運算 P.030

7 利用量子加密通訊技術，
進行資訊加密保護 ⟶ 量子加密通訊 P.034

8 數位雙生技術
可以幫助我們正確預測未來 ⟶ 數位雙生 P.038

9 只需置身該處，
即可產生無限空間的 VR ⟶ 無限空間 VR P.042

BUSINESS MODEL

10	利用器官晶片，讓醫療行為客製化	器官晶片	P.046
11	藉由可穿戴裝置進行預防醫學，讓人不生病	預防醫學可穿戴裝置	P.050
12	透過「食品技術」，一起健康長壽吧！	食品技術	P.054
13	味覺是可以控制的！	味覺控制器	P.058
14	輕鬆做菜，絕不失敗！	料理科技	P.062
15	透過「睡眠科技」邁向沒有睡眠煩惱的未來	睡眠科技	P.066
16	直接從大樓樓頂飛到國外去！飛行計程車啟動	飛行計程車	P.070
17	利用「光學迷彩」，成為透明人！	透明人服務	P.074
18	透過「眼鏡型探測器」，即時分析進入視角的資訊	眼鏡型探測器	P.078

2030

CONTENTS

BUSINESS MODEL

2030

19 不需充電！藉由體溫及汗水即可作動的可穿戴裝置 → 體溫發電、人體電池 — P.082

20 讓世界各地都可以飲用到潔淨的水 → 淨水設備 — P.086

21 擁有「情緒辨識AI」，就不需要再為人際關係煩惱 → 情緒辨識AI — P.090

22 可以和寵物或是各種動物聊天！ → 和寵物聊天 — P.094

2030-2040

23 1小時內抵達世界的任一角落！經由宇宙飛向另一個國家 → 縮時旅行 — P.098

24 比起磁浮列車，能夠在境內更快速移動的超迴路列車！ → 超迴路列車 — P.102

25 不僅可用於軍事，亦具備娛樂條件的「飛行裝甲」 → 飛行裝甲 — P.106

26 不需要插座！只要走進房間即可充電 → 無線充電 — P.110

27 清除太空垃圾是來自宇宙的巨大商機！ → 清除太空垃圾 — P.114

BUSINESS MODEL

2030-2040

28	利用廢棄蔬菜蓋房子！	廢棄蔬菜成為新材料	P.118
29	利用昆蟲賽博格進行資訊收集	昆蟲賽博格	P.122
30	透過超低頻音感測網發出緊急「海嘯」速報	超低頻音海嘯感測器	P.126
31	透過衛星從宇宙投放廣告	衛星廣告	P.130
32	用TDI控制夢境，隨意做美夢	夢境控制裝置	P.134
33	低成本、對環境友善的新型製氨方法	製氨	P.138

2030-2050

34	利用自我修復材料，輕鬆修理物品！	自我修復材料	P.142
35	利用腦機介面改變我們的對話方式	BCI	P.146
36	利用衛星打造「人造月亮」，即使夜晚也能夠把地球照耀得明亮	人造月亮	P.150

CONTENTS

BUSINESS MODEL

2040			
37	移居月球、火星必備技術！利用微生物溶解金屬，進行生物採礦	宇宙生物採礦	P.154
38	讓綠氫成為一種能源與資源	產氫	P.158
39	宇宙是未來旅行目的地的 No. 1首選	宇宙旅行	P.162

2040-2050			
40	移居火星的關鍵科技「人工冬眠」	人工冬眠	P.166
41	彷彿就是龍宮城！深海的未來都市	深海未來都市	P.170

2050			
42	「夢幻級發電廠」——實現核融合能源	核融合發電	P.174
43	宇宙太陽光電是不會枯竭的綠色能源	宇宙太陽光發電	P.178
44	人類可以從巴別塔抵達平流層	Space Tower	P.182
45	我們可以控制颱風的未來	控制颱風	P.186

2050

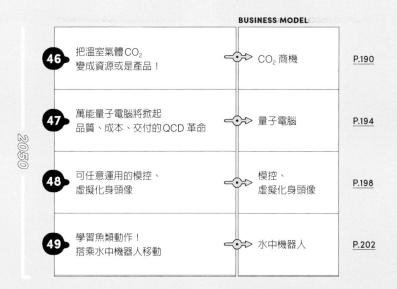

BUSINESS MODEL

46	把溫室氣體 CO_2 變成資源或是產品！	CO_2 商機	P.190
47	萬能量子電腦將掀起品質、成本、交付的 QCD 革命	量子電腦	P.194
48	可任意運用的模控、虛擬化身頭像	模控、虛擬化身頭像	P.198
49	學習魚類動作！搭乘水中機器人移動	水中機器人	P.202

STAFF

Illustration：fancomi

Art direction：北田進吾　Design：畠中脩大（北田設計公司）

DTP：茂呂田剛（M&K）　Proofreading：press-jp 股份有限公司

為夜空增色的人造流星

即使入夜，現代日本的街道仍然燈火通明。抬頭仰望夜空，別說是流星，就連一般的星星都難以窺見。然而，到了 2020 年代在技術上已經可以實現人造流星，於 2030 年後的未來，我們可望隨時、隨地、隨心所欲地看到流星。

New Technology 利用衛星，以人工方式製造出流星

人類可以享受製造人工流星的樂趣，那樣夢幻般的時代即將來臨。那麼，現在就先讓我們看看流星的製造方法吧！

【程序 1】從位於太空的衛星向地球釋放出某些物質。

【程序 2】該物質突破地球的大氣層，會因為氣動加熱（Aerodynamic heating）[1] 而發光。也就是說，物質會轉變為電漿（Plasma）而產生光亮。從地球的角度看起來，就會像是流星一般。

人造流星有著天然流星所沒有的優點。那就是可以在控制位置、方向、速度的狀態下釋放出物質，因此會比天然流星的肉眼可見時間更長。此外，只要改變釋放的物質即可依喜好將流星顏色改變為白色、粉紅色、綠色、藍色、橘色等 [2]。

用以製造流星的衛星會被放在一個稱作「低地球軌道」（Low Earth orbit, LEO）的軌道上。只要增加這些衛星的數量，就可以提高日本上空出現衛星的機率。這樣一來，我們只要想看

※1 物質在氣體中以超音速移動時，物質前端部位就會被空氣所壓縮，因而發生高溫現象。
※2 可以藉由焰色反應（Flame test）創造出人造流星的顏色。高中時期，應該有很多日本人都背過以下這樣的諧音公式：

就可以隨時看到人造流星了。日本的太空新創公司 ALE 正在準備將可以製造出人造流星的衛星送上太空，並且開始進行商業化。

· ·

未來商業模式預測　人造流星的商業模式將會類似於煙火

想要施放人造流星的企業必須透過人造流星專屬衛星製造商調度衛星，利用火箭把衛星打上太空。此外，有些施放人造流星的企業也會自行開發、製造出人造流星專用的衛星。

人造流星服務可望在以下市場進行銷售：

○ 娛樂

人造流星與煙火的商業模式類似。我們可以參考煙火的商業模式來預測人造流星的商業模式。主辦煙火大會的民間團體或是主題樂園、球場經營公司等可以用「幾點、幾分、施放幾枚人造流星」這種方式委託人造流星施放企業。此外，還有像是受到嚴重特殊傳染性肺炎（Covid-19）影響導致日本全國各地煙火大會取消辦理，亦可轉而開始提供個人專屬煙火秀服務的商業模式，有些人造流星施放企業也會提供服務給一般家庭、情侶等。

○ 人造流星競技大賽

當人造流星施放企業越來越多，人造流星表演或許會如同煙火表演一樣成為一種重要的演出橋段。像是日本秋田縣大曲地區

「リアカ―【Li（赤）】なき【Na（黃）】K 村【K（紫）】動力【Cu（綠）】借りるとう【Ca（橙）】するもくれない【Sr（紅）】馬力【Ba（黃綠）】で行こう」
（譯：沒有手推車，想借 K 村的動力也借不到，只好騎馬過去。）

以及茨城縣土浦地區的煙火競技大會等^{※3}，舉辦一些如何讓人造流星看起來更引人入勝的競技比賽。得獎者或許可以因此獲得更多的工作邀約等業務聯繫機會。然後，不僅是煙火師，未來甚至還有可能會出現「人造流星師」這種職業。

ALE 公司目前已經在進行商業化準備，預計在 2020 年代就能夠實現人造流星。2030 年後我們應該就可以隨時、隨地、隨心所欲地欣賞到人造流星。理由在於隨著人造衛星以及所搭載的人造流星裝置改良，還有價值工程（Value Engineering, VE）等的發展，使得成本下降。再者，隨著人造流星的表演技巧經驗逐漸累積、形成人造流星衛星星座（Satellite constellation）（大規模衛星群）後，即可塑造出更高水準的娛樂效果。人造流星或許會出現如煙火大會般盛大的娛樂商機呢！

---•---

※3　煙火競技大會是以煙火的「中間圓形位置」、「盤狀完整性」、「放射散開形狀」、「消失時間點」作為評分審查標準。

人造流星

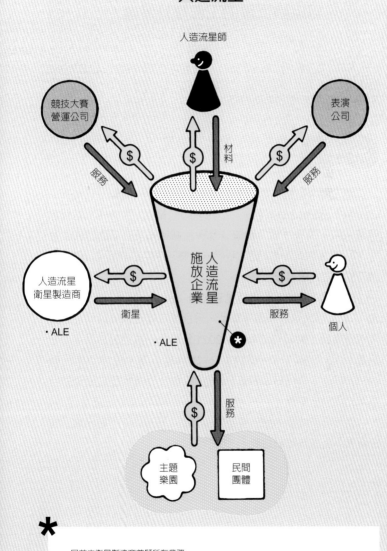

人造流星師

競技大賽
營運公司

表演
公司

服務

材料

服務

人造流星
衛星製造商

人造流星
施放企業

個人

・ALE

衛星

・ALE

服務

個人

*

主題
樂園

民間
團體

服務

*

目前由衛星製造商兼顧所有業務

013

穿上動力服，可以讓沉重的工作變輕鬆嗎？

未來的動力服（powered suit）不僅可以達到輕量狀態，彷彿成為使用者身體的一部分，還能更進一步提升輔助功能。預計在 10～20 年後，未來的體力勞動市場將會發生劇烈變化。

New Technology
動力服的動力來源是電動致動器、人工肌肉

動力服，又稱「輔助衣」（assist suit）、「動力輔助衣」（power assist suit）等，可以用來輔助醫療、照護領域的醫療照護人員，或是在執行物流以及貨品搬運業務時輔助提起重物等，可以在各種情境下輔助我們的身體。使用動力服可以縮短作業時間，並且提升安全性。

動力服的動力來源是電動致動器（actuator）[1]以及人工肌肉[2]等。可大致分為兩種類型，分別是衣著式以及如同在身體外部穿戴另一副骨骼的類型。2021 年時所銷售的動力服可以在抬起 20kg 的重物時，輔助 10～30％的力量。日本目前已有INNOPHYS、CYBERDYNE、ATOUN 等公司開發動力服，並且展開相關銷售業務。

期待未來的動力服將會更加小型化、輕量化、不顯笨重，並且更進一步提升輔助功能。

※1 將作為動力來源的電力與機械零件組合在一起，即可進行機械化動作的裝置。
※2 以工程方式仿效生物肌肉組織的一種致動器。人工肌肉可以使用壓電式、形狀記憶合金型、靜電式、壓縮空氣式的零件以及合成樹脂等高分子進行製作。

讓女性或是年長者也能夠輕鬆參與體力勞動市場

　　動力服可以銷售至需要體力勞動的職業，包含物流、工廠、建築、土木、農業、醫療 照護等市場。

○ 物流、工廠、建築、土木、農業

　　從船隻等搬運而來的大型貨櫃中，從事物品搬運、堆疊等作業的從業人員每人每天必須搬運的總重量可達數噸之多，難以想像對於身體（特別是腰部）的負擔會有多大。只要產品售價持續下降，即有機會在這些產業中導入動力服。土木以及農業市場的情況亦同。

○ 醫療、照護

　　動力服可以銷售予【協助被照顧者獨立自主】以及【協助照顧者提供照護服務】兩種使用者。如在協助被照顧者獨立自主方面，可以用於幫助身體恢復消除後遺症的復健運動、作為因應以及預防高齡衰弱症（frailty）[3] 等。話說回來，職業滑雪選手三浦雄一郎據說也曾使用 CYBERDYNE 的「HAL」動力服進行復健。從原本因脊椎硬腦膜外血腫（cervical epidural hematoma）幾乎無法正常睡覺的狀態，藉由動力服進行復健後發生驚人好轉的情形，後來甚至還能夠在富士山五合目擔任東京奧林匹克運動會的聖火傳遞跑者。

015

---

[3] 隨著年齡增加，運動能力以及認知能力亦會隨之下降，生活機能也會受到阻礙因而呈現身心脆弱的狀態。

○ 娛樂、運動

應該還可以運用在不使用 CG（Computer Graphics；電腦繪圖）的特效電影。演員只需要穿著動力服，即可拍攝出真實舉起龐然大物的場景。此外，在運動領域方面，或許也可以當作舉重運動項目的重量確認等。

過去我們所看到的動力服銷售對象主要是以 B to B 為主。然而，推測今後應該會進一步滲透至 B to C（以一般家庭為對象）的市場。未來即使是一般家庭，還有一些腰部、腿部能力較差的年長者、搬家工程、室內裝潢等，都可以理所當然地使用動力服。

動力服，已經從過去以新創公司為主的開發驗證階段朝向真正的實用階段。目前動力服的市場價格區間約為 100 萬日幣以下。也已出現月租約 20 萬日幣即可租借使用的商業模式。今後隨著進入量產階段、動力服價格降低、技術開發更加進步，市場將會更加擴大。如此一來，開始朝向 B to B 以外的市場後，以 B to C 為對象的動力服將會逐漸普及。不僅是直接購買，出租、租賃、訂閱制等商業模式的導入，將會是市場進一步擴大的重要原因。

欲實現上述這些內容，要耗費 10 ～ 20 年左右是理所當然的事情。隨著動力服的普及，每個人都可以輕輕鬆鬆完成一些需要勞力的工作，女性朋友或是年長者或許還能夠因此參與勞力市場。

動力服

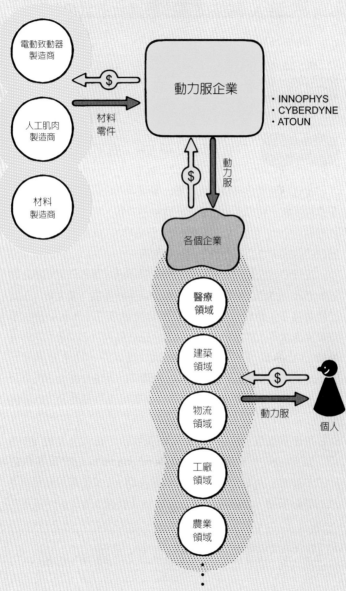

不需具備時尚眼光！
讓 AI 幫你挑選出最適合的服裝

據說 20 歲到 40 歲的女性朋友當中，接近 9 成的人都曾經有過選擇服裝失敗的經驗 [1]，但是這已經是過去的煩惱了。透過 AI 以及 VR 技術，未來選擇服裝這件事情將不再令我們困擾。

New Technology 只要使用 AI 與 VR，就不會選錯衣服！

曾經有過選擇服裝失敗經驗、覺得選衣服很花時間等煩惱並非女性限定，男性朋友也會遇到同樣的問題。然而，不出幾年後我們就可以利用 AI 人工智慧 [2] 以及 VR [3] 的技術，從「絕對」適合的服裝中找出「不會出錯」的服裝。

在時裝店內裝設一臺附有相機的顯示器，客人只需要站在鏡頭前方即可檢測出臉部、身高、腳以及手腕長度、體型等。由於已經將許多人體資料大數據化，因此該服務可以透過 AI 提供幾款最適合當事人的時裝建議。此外，站在該顯示器前還可以模擬體驗試穿的情形。完全不需要呼喚店員：「我想要試穿一下……」，也不需要特意走去試衣間試穿。目前 NEXT-SYSTEM 以及樂天技術研究所與 zootie 合作，皆可提供這類型的試穿服務。

不僅是衣服、鞋子、手錶、包包等都可以利用 AI 與 VR 進行「試穿」。從事手錶出租業務 ——nanashi 公司所提供的 KARITOKE（手錶租借）服務，即是採用 VR 技術提供高階款手錶的試戴服務。皮革製品品牌 objcts.io 正實施以 VR 進行包包的

※1 以 20 歲到 40 歲女性為對象進行問卷調查（2020 年，ICB 公司）。
※2 所謂 AI 是「Artificial Intelligence」的縮寫。係以人工方式重現人類各種知覺與知性。

試背服務。

　　話說回來，有些人如果沒有實際試背包包就會很在意尺寸或者是否真的適合自己。然而，其實完全不用擔心。東京大學新創公司 Sapeet 開發出可以先讓一個與消費者等身大的虛擬人物（avatar）穿上該件衣服，再用熱像儀確認手腕、腹部等處鬆緊狀態的技術。

未來商業模式預測　　## 在家就可以購物、租賃商品

　　時裝店可以同時打造【實體店面】以及【虛擬空間店面】，搞不好造訪虛擬空間店面的客人還比較多呢！ Psychic VR Lab 的「STYLY」、Alibaba 的「BUY+」、Amazon 的「VR Shopping」、S-cubism 的「EC-ORANGE VR」、Hacosco 的「VR for EC」、eBay 的「VR 百貨公司」、KABUKI 的「kabukipedir」、HIKKY 等企業所銷售的是將商業空間以 VR 技術重現於虛擬空間的服務。消費者不需要前往實體店面，在家中即可試穿。為了在家中正確地測量尺寸，必須穿著測量專用的服裝，再使用智慧型手機以及 APP 應用程式拍攝身體，即可測量出體型與尺寸。不僅可以將身體特徵紀錄在該 APP 應用程式內，也可以同時將臉部特徵、表情、感覺、印象、心情一起存檔。即可藉由這些資料搭配使用情境，提供適合該使用者的衣服、鞋子、手錶、包包等建議。此外，也有一種技術是透過智慧

※3　虛擬實境。「Virtual Reality」的縮寫，透過 VR 我們可以獲得接近實際體驗的感受。

型手機的 APP 應用程式和 AI 對話，藉此接收時尚建議。可以直接參考名人的時尚裝扮，或是先選擇價格區間，再提供各種品牌的服飾等。

再者，預測未來的我們可能不再需要添購衣服。理由是日本約有 4 成人口住在公寓等集合型住宅。近年來因為公寓收納空間較小，很多人會對各季節的衣服收納感到困擾。使用行李寄放服務或是個人倉庫，其實意外地耗費金錢。假設未來可以從買衣轉變為租衣，我們只需要低廉的價格就可以隨時穿到新衣服，甚至還可以試穿（然而，內衣褲則另當別論）。

時至 2021 年已經陸續出現服裝出租的商業模式，像是 airCloset、STRIPE INTERNATIONAL 的「MECHAKARI」、GRANGRESS 的「Rcawaii」等。這些服務模式會依據消費者的喜好、體型、需要穿著的場合等要求，由專業的造型師提出建議。然而，未來應該會使用前述的 AI 或是 VR 技術，提供適合 TPOZ〔Time（時間）、Place（場所）、Occasion（場合）〕的建議，出租服裝的商機將成為主流。使用 AI 或是 VR 選擇衣服這件事情雖然已經得以實現，但是要到普及化階段應該還需要一段時間。

時尚科技

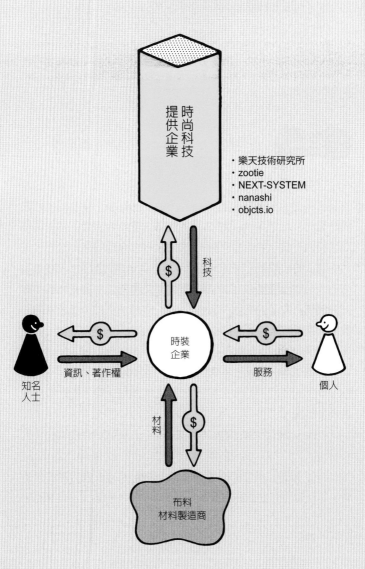

- 樂天技術研究所
- zootie
- NEXT-SYSTEM
- nanashi
- objcts.io

時尚科技提供企業

科技

$

時裝企業

知名人士

資訊、著作權

$

$

服務

個人

材料

$

布料材料製造商

利用 3D 美妝印表機，全自動上妝！

從「沒時間化妝」、「化妝好麻煩」等懶人問題，到「沒辦法畫好眼線」、「蓋不掉毛孔、紋路、斑點」這種化妝技巧面的煩惱，美妝列印都能夠輕鬆地解決。

New Technology ｜任何妝容都能用數位技術完美呈現

只需要一臺 3D 美妝印表機，就可以輕鬆完成令人憧憬的電視藝人或是女明星的妝容。首先，從 Instagram 等 SNS（社群網路服務）或是 Web（網站）上挑選出喜歡的照片。然後，將該張照片上傳至智慧型手機內的專屬 APP 應用程式。從該張照片中選取美妝的部分，並且放大。接著再用專屬的 3D 印表機列印即可。從該專屬 3D 印表機出來的並不是墨水，而是會列印出一張帶有彩妝品的紙片。每張約僅需 15 秒的列印時間。然後，用手指摩擦該紙片上的彩妝粉後，即可在自己的臉部上妝。目前可以呈現出 1,670 萬種彩妝顏色。

美國 Mink 公司已經開始銷售──「Mink Printer」。Mink Printer 的粉底經美國食品醫藥品局 FDA 認證，與一般化妝品同樣安全無處。

Panasonic 公司所開發出的產品是印刷後可貼在皮膚的「化妝紙片」，P&G 則是開發出「Opté Precision Skincare System」攜帶型尺寸的噴墨式美妝印表機。Opté 會自動掃描肌膚，並且會將令人在意的黑斑、暗沉、痘痘、疤痕、泛紅等部分

單獨噴上遮瑕化妝品。運作機制是先用 LED 光線照射臉部肌膚，並且用高速攝影機拍攝、檢測出肌膚表面的黑斑後，再用噴嘴針對黑斑噴灑專用的微粒子遮瑕化妝品。

　　除此之外，還有一種只要把臉放入即可完成理想全妝的美妝印表機。肌膚保養品公司——瑞典 FOREO 推出的「MODA^{TM}」3D 美妝印表機，會先將最新流行的妝容或是藝人、知名人士等妝容存入智慧型手機的專屬 APP 應用程式內，使用者只需要從中挑選出喜歡的妝容，再把自己的臉放入美妝印表機內，即可完成理想的全妝，是相當劃時代的商品。完妝時間僅需 30 秒。再者，該美妝印表機還有導入「3D 臉部掃描系統」技術，可以使用臉部投影映射技術軟體（Facial mapping）以及生物檢測鏡片，分析臉部造形。透過該項技術，即可完成不會出錯、膚色均勻的乾淨妝容。此外，所使用的化妝品皆是皮膚過敏者亦可安心使用的商品。

．．．．．．．．．．．．．．．．．．．．．．．．．．．．．．．．．．．．

未來商業模式預測　**美妝用品將會成為一般家電**

○ 化妝專用家電

　　可以當作一般家庭用的家電購入。不僅針對女性朋友，男性專屬的美妝印表機也會開始普及。AI 會針對使用者當時的心情或是當天的行程安排，提出合適的妝容建議。

○ 肌膚護理專屬家電

將會開發出一種可以判斷肌膚紋理細緻度與紋路狀態的技術，並且可以讓使用者選擇最適合肌膚護理方式的美妝印表機。以科學的方式追求肌膚美學，甚至可以更進一步發展至維護、抗老化領域。

○ 新彩妝教學

使用數位科技的虛擬式化妝或是化妝模擬工具，來練習化妝技巧的方式或許會越來越普及。除了以往在彩妝職業學校學習的化妝技術，如果能夠善用數位科技或許還會出現類似於電腦教室或是設計教室的教學內容。

○ 演藝、戲劇

在演藝圈，化妝是一種必要且不可或缺的事情。所以，應該也可以大幅運用在舞臺幕後快速更換妝容方面。

隨著美妝印表機等數位化美妝專屬裝置日益普及，在持續累積實際經驗與案例後，將會朝向個人專屬的客製化服務、提升服務品質，並且隨著大量生產而持續降低成本。在價格區間方面，預估初期會先以富裕階層為對象，因此較為高價。但是，最終價格會被壓低至一般家電等級，並且推廣至一般家庭。

3D 美妝印表機

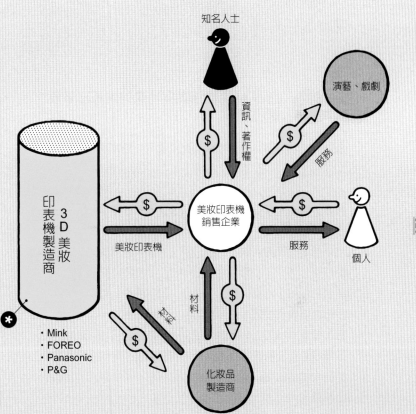

有些企業會兼任美妝印表機的銷售工作

2040　　　2050

5 利用 AI 預測犯罪！
在犯罪前逮捕可疑人物

利用 AI 預測犯罪，讓大家隨時隨地安心生活的未來即將實現。

 ### 透過 AI 影像辨識與特殊的演算法來預測犯罪

在此介紹目前現有的犯罪預測實際案例。犯罪預測的關鍵技術在於「AI 影像辨識（人工智慧）」[1] 以及「特殊演算法」（algorithm）。

想要犯罪的人往往會顯露出與普通人不同的特徵動作或是表情。因此，當監視器拍攝到即時影像，即可利用 AI 進行分析，鎖定那些想要犯罪的人物。一般來說，人類肉眼對於識別過於微小的動作變化有限。然而，如果是透過 AI 影像辨識，就可以自動捕捉到那些微小的影像變化。然後，鎖定那些有可疑行為的人物，並且透過聲音提醒、燈光照射等方式抑制犯罪。

日本電氣（NEC）以及富士通等公司擁有可以透過 AI 等方式，即時從監視器影像中找出可疑人物的技術，其他企業則擁有可以從影像中抓出可疑人物的身體抖動情形、解析其精神狀態的可視化科技。

此外，日本 Singular Perturbations 使用其獨立開發出的、全世界準確率最高的犯罪預測演算法，開發出可供國內外警察、

※1　AI 影像辨識還可以應用在這些情境。2017 年 Google 的 AI 在分析 NASA 宇宙望遠鏡觀測到的龐大數據資料後，發現了太陽系以外的新行星，那也是 AI 第一次發現行星。

資訊機構使用的犯罪預測軟體——「CRIME NABI」。CRIME NABI 是一個可以隨時隨地預測是否會有犯罪發生的系統，該 AI 引擎已取得專利。CRIME NABI 中已輸入過去犯罪紀錄、都市相關資訊（在哪裡、有哪些東西等）、地理資訊（經緯度、高度等）。根據上述這些輸入資訊，就可以讓「依時間資訊的預測」，以及「依空間資訊的預測」可視化。可視化結果可以在地圖上以「等高線圖」（Contour Plots）顯示，綠色表示安全、橘色表示危險、「↑」標示出犯罪的實際發生地點。再者，也可以在地圖上製作出最適當的警備路線，有助於警察或是地方政府等的巡邏。

未來商業模式預測

「預防犯罪」的新商業模式

過去未曾有過犯罪預測的商業模式，未來應該會成為一種新的商業模式。提供犯罪預測服務的企業會開發出驅動 AI 或是分析演算法等系統，並且向以下的市場銷售整套系統或是提供服務。

○ 地方政府、公家機關

銷售給學校、地方政府、警察等公家機關，並且提供售後運行與維護管理。此外，也有一種是不銷售系統，僅提供服務的商業模式。利用已經設置於街頭的監視器，提供可疑人物的搜尋服

務。Singular Perturbations 已在日本東京都足立區導入實驗性質的犯罪預測 APP 應用程式「PatrolCommunity」。使用者可以透過該 APP 在藍色防犯巡邏員進行巡邏時，檢舉公然猥褻的犯罪者。

○ 零售商店、便利商店

對於超市或是便利商店等也一樣，可以提供系統操作與運行管理維護服務。可以分析進入店面前的客人舉動、解析店內的監視器影像，以預防偷竊或是留作逕行舉發等的證據。

○ 金融機構

近年來銀行強盜案件雖然有減少的情形，但是運送現金時仍有風險存在。如果能善用此系統，即可能在事前預防犯罪行為。

○ 警備、保全公司

活動警備人員、重要人物的隨扈、警護等皆可善用此系統，在事前預防犯罪行為。

累積一些實務經驗後，犯罪預測系統會逐步讓眾人認知其必要性與重要性。該技術如欲一鼓作氣地導入前述所介紹的市場，應該不會需要耗費太多的時間。

犯罪預測

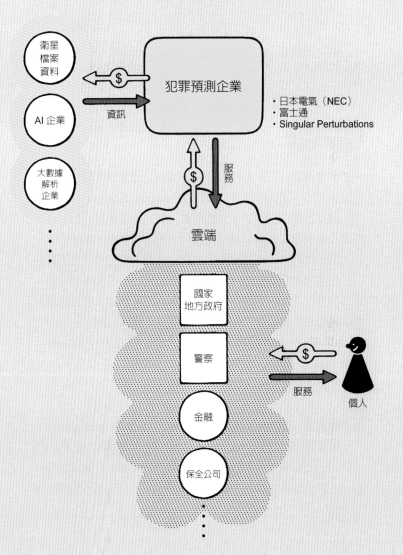

6 用來保護資訊的「安全運算」，未來會是人人皆可使用的服務

隨著安全運算（Secure Computing）技術日益普及，我們得以更安全地處理機密資訊。未來我們將可以透過安全運算保護個人資料以及企業機密。

安全運算的關鍵在於密碼、資訊分割、分散處理技術

安全運算可以為我們保護個人資料、打造出安心的未來。安全運算，又稱加密運算，英文是「Secure Computing」。首先，讓我們來了解一下「普通運算」與「安全運算」的差異。普通運算會讓加密資料處於暫時可以解讀的狀態，再進行下一步分析。然而，安全運算則是一種可以在資料維持加密的狀態（也就是說在無法解讀內容的狀態下）進行分析的優異技術。對於將使用者個資保護作為首要考量的企業而言，可以說是具有高度可用性的技術。日本方面，已有日本電氣（NEC）、NTT Communications、Digital Garage、ZenmuTech、ACompany、EAGLYS 等公司著手進行開發。

安全運算技術可以大致分為以下二種：

○ 密鑰共享＋多方安全運算 MPC（Multi-Party Computation）

所謂密鑰共享（secret sharing）是指將原始檔案分割（Share）成好幾個片段資訊，再將檔案任意組合。資訊共享時無法從單個分割檔案中得知原始檔案的資訊，因此即使有部分檔

案被共享出去，也無法被他人得知原始檔案的內容。此外，只要將必要的共享資訊湊齊就有可能將原始資料復原。

多方安全運算 MPC 是將加密的檔案分散至好幾個伺服器後，在數個伺服器之間進行通訊，同時進行相同的運算，最後再統合運算的結果[1]。缺點是會比由單臺伺服器的計算速度來得慢，但是透過密鑰共享就可以維持在加密狀態下進行運算；優點是可以提高檔案的安全性。

○ 全同態加密

全同態加密（Fully Homomorphic Encryption, FHE）的加密方式是讓檔案可以在加密狀態下直接進行運算，讓已解密（解除密碼）的檔案與沒有加密檔案的演算結果相同。如果將該資訊的密碼解除，就會有被他人窺視的風險，但是只要使用全同態加密即可排除該風險。

031

· · · · · · · · · · · · · · · · · · · ·

可以運用在金融、醫療等各式各樣的商業模式中

已開發出安全運算的企業可以先行展開雲端服務，並且藉由訂閱制等方式向以下市場提供安全運算服務。

○ 製造業、研究機構

將技術 Know How、專利資訊、圖片等資料放在雲端上進行管理時，安全運算相當常用。此外，工廠與各據點間的資訊共

---

[1] 以 MPC 為基礎的安全運算研究是自 1980 年代時開始進行的課題，當時認為運算資源（computing resource）在社會實用面上是相當沒有必要，且不實用的課題。然而，近年來隨著運算資源低成本化，雲端技術進化也有了大幅度的改善。

享、交付等皆可以善用安全運算。

○ 醫療

原本難以共享的多間醫院醫療檔案，如果適用安全運算技術，即可在保護個資的狀態下共享醫療檔案。

○ 金融

顧客資產狀況、存款、融資等資訊皆可透過安全運算進行管理。此外，還可防止不當匯款等犯罪行為。根據媒體報導EAGLYS 正準備要在 JR 東日本的交通 IC 卡「Suica」的數據分析中，納入安全運算的驗證程序。

○ 安全保護機制

使用生物辨識（人臉、指紋、靜脈等）的生物資訊、雲端上的安全管理以及分析、比對，皆可善用安全運算。

Digital Garage 等公司成立「安全運算研究會」，擬定安全運算的技術評估標準。Acompany 公司已經開始與名古屋大學醫學部附屬醫院共同進行安全運算研究。NTT Communications已經可以提供雲端型的安全運算服務——「析祕」。觀察這些產業動態，發現安全運算技術的示範運行案例有所增加，並且逐步普及化，可以預測價格區間也會隨之下降。如同病毒軟體，未來每個人都可以理所當然地使用這些服務。

安全運算

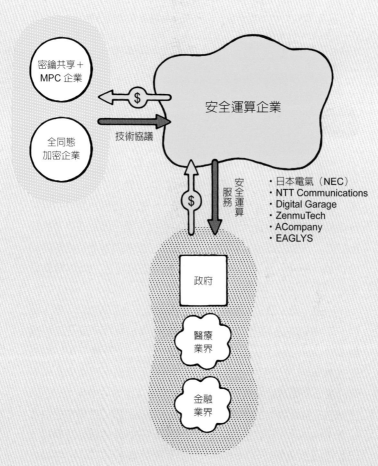

7

利用量子加密通訊技術，進行資訊加密保護

第 30 頁中介紹的安全運算方式是一種直接在加密狀態下計算的方式，本章節所介紹的「量子加密通訊」（Quantum Cryptography）則是一種量子密鑰傳輸（Quantum Key Distribution）服務。在資訊社會中，加密技術扮演著相當重要的角色。

量子加密通訊是一種透過量子路徑將資訊加密的技術

機密性較高的資訊，未來可以使用量子加密通訊。以下介紹技術發展現況。加密技術是一種未來技術，是為了解決資訊遭竄改、盜取等問題應運而生的因應對策。一般的密碼通訊是由資訊發送者將欲傳送的資訊以「密碼鎖（根據某種密碼形式將資訊加密的方式、技術協議）」方式進行加密。接收者會使用相同的密碼鎖進行解鎖（解密），待恢復至原始的資訊後，再取得該資訊。

另一方面，量子加密通訊則是一種將上述密碼鎖以「量子路徑」[※1] 傳輸的通訊方式。該量子密鑰的傳輸稱作「量子密鑰傳輸」（Quantum Key Distribution, QKD）。QKD 會利用地球上的光纖網路[※2] 以及宇宙上的衛星，後者是藉由宇宙衛星上所搭載的量子密鑰傳輸裝置將密碼鎖透過光子（雷射）傳輸。光子的優點是不容易因為穿過大氣層而衰減，傳輸距離的規模也可以延長至 1,000km。缺點是該衛星必須快速地在地球周邊來回環繞，因此可通訊時間會受到限制。日本（總務省、NICT）、中國大

※1 基於量子力學原理，使用光子。將資訊放在一個一個的光子上，再反覆地從發送端傳輸至接收端，藉此製作出密碼鎖。

※2 量子加密通訊的課題是由於所使用的光子具有非常微弱的光，因此透過地球上的光纖

陸[※3]、義大利、德國、西班牙、澳洲、加拿大等國家現在已經進入使用衛星進行量子密鑰傳輸 QKD 的示範運行階段。

目前已產品化的量子加密通訊系統是由複雜的光學電路所構成，必須要先建構相當大規模的系統，預計可以應用於金融或是醫療領域方面。今後將會擴大使用範疇至較小規模的領域（例如：工廠間的資訊交換等），因此系統變得小型、輕量、低耗電都是不可或缺的條件。2021 年 10 月，東芝公司開發出積體光學電路（Photonic integrated circuit）化的「量子傳輸晶片」、「量子接收晶片」、「量子亂數產生晶片」取代既有的光學零件，並且已經成功地將這些晶片實際安裝在「晶片式量子加密通訊系統」（chip based Quantum communication）上。

量子密碼可以導入需要處理高機密性資訊的市場

未來商業模式預測

量子加密通訊可以導入需要處理高機密性資訊的市場。開發、製造量子加密通訊系統的企業會呈現寡占狀態，負責銷售該通訊系統並且執行維護管理、運用量子密鑰傳輸 QKD 工作。

○ 軍事、防衛

將量子加密通訊系統導入政府單位，並執行量子密鑰傳輸 QKD 的維護管理與應用。此外，量子加密通訊應該也可以普及至警察等對象。

網路接收／傳輸光子時，會因為光纖傳輸的損失而導致光子衰減。東芝公司於 2021 年 6 月成功將傳輸距離增加至 600km。

※3　2020 年 6 月，人民網日本語版報導中國科學技術大學已成功藉由世界首顆量子科學實

○ 金融機構

　　金融業界收發送資金結算資訊或是顧客機密資訊時，必須避免資訊遭竄改或是遭到不當入侵。因此，美國金融業界對此技術的需求非常強烈。

○ 醫療

　　醫療機構所經手的資訊機密性較高（個人資訊、診斷結果、遺傳資訊等）。需要多間醫療機構共享資訊時，即可多加利用量子加密通訊。2021 年，東芝公司、東北大學東北醫療銀行機構（medical megabank）、東北大學醫院、資訊通訊研究機構 NICT 開發出結合量子加密通訊與安全運算技術（第 30 頁）的「檔案分散保管技術」。成功實證可將龐大的基因解析檔案（約 80GB）分散於多個據點，並且安全進行備份留存的可行性。

　　從過去的歷史來看，政府資金往往會投入軍事、國防，隨著各項技術開發演進，政府資金也會逐漸考慮投入其他市場。有鑑於東芝等公司的計畫，至 2025 年左右主要會以金融、醫療市場為首開始進行量子加密通訊，到了 2035 年左右市場會更加擴大。經過政府示範運行等使用衛星的量子加密通訊，預測未來將會逐漸滲透至各項業務。

・

驗衛星──「墨子」完成 1,120km 距離的量子加密通訊。

量子加密通訊

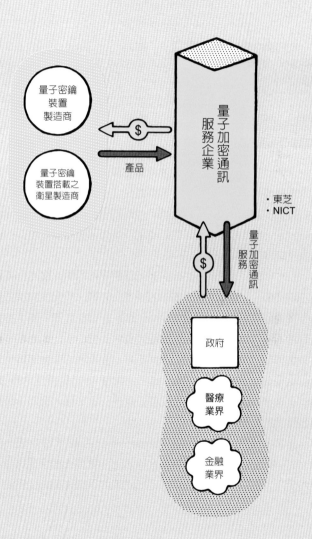

8

數位雙生技術
可以幫助我們正確預測未來

可將現實世界重現於虛擬空間的「數位雙生」（Digital Twin）技術正在開發中。使用「數位雙生」，可以幫助我們正確預測2030年後、未來的所有現象。

New Technology

可以藉由衛星影像、AI以及3DCG等技術實現數位雙生

「數位雙生」是一種「收集真實空間的資訊，並且在虛擬空間內重現真實空間的技術」。也就是說，根據真實世界的資料，然後在虛擬空間內重現真實世界。簡直就是平行宇宙（Parallel universe）的概念。使用「數位雙生」技術，還可以在虛擬空間內進行模擬仿真（simulation）。

日本新創公司SpaceData結合衛星影像、AI與3DCG技術等三項技術，計畫創造出地球規模的虛擬空間。而且，該虛擬空間不需要經過人手，皆是透過AI自動產生。讓AI學習龐大的衛星影像、讓AI理解地球的地理空間資訊，3DCG技術也是一種可以製作出「地球」虛擬空間的技術。透過機械學習衛星影像（靜止影像）與標高（海拔）資訊，再讓AI自動產生地球3D模型，透過3DCG技術還可以自動重現石頭、鐵、植物、玻璃等較細部的材質。

美國新創公司Symmetry Dimensions將都市的人流、交通、IoT等各式各樣的資料統整在平臺上，提供一種任何人皆可輕鬆使用「數位雙生」的服務。可以輕鬆地與網際網路上的開放

資料（Open data）以及各個企業所提供的 API[1] 連接，目標是要打造出一個讓任何人都可以在各個領域建構出「數位雙生」的世界。

未來商業模式預測

使用數位雙生技術，在虛擬空間內「任意翱翔」

使用「數位雙生」技術，並且以超高速的方式處理、分析資訊，使之可視化，就可以即時地確認現況並且預測未來。

利用「數位雙生」可以在虛擬空間內重現現實生活中的具體都市或是地區。例如：「公司作業時所使用的虛擬空間」、「年輕人專屬的虛擬空間」、「朋友等團體可以使用的虛擬空間」、「社群網路服務（Social Networking Services）的虛擬空間」、「遊戲對戰專屬的虛擬空間」、「美食資訊用的虛擬空間」、「避難／防災訓練用的虛擬空間」、「財務驗證用的虛擬空間」等，越想就會有越多可以舉例的運用方法出現。

SNS（社群網路服務）也可以移動至虛擬空間。比方說，覺得美味的店家或是 IG 推薦的打卡景點等都可以在虛擬空間上進行標註。或是，也可以在虛擬空間內享盡遊戲的樂趣。像是在 Nintendo 遊戲《Splatoon》中，因為是在虛擬空間內，所以即使弄壞、弄髒那些和真實建築物完全一樣的東西，也完全不會有影響。現在已經從過去的二次元（BLOG、SNS 等）發展成影片（YouTube 等）的形式，未來將會出現虛擬空間的 SNS 情境。

※1 API 就像是一個窗口，可以通過將部分軟體或應用程式對外公開，與他人分享自己所開發的軟體功能。

除此之外，汽車駕訓班、飛機操控訓練、學校或企業的避難訓練，甚至是大規模的軍事演習等皆可在虛擬空間內進行。再者，還可以安裝會讓人們有真實感受的感測器，應該更能夠享受到臨場感。

也可以針對個人所處範圍（周圍數百公尺）進行天氣預報、預測當地局部範圍內的交通堵塞情形、預測停車空位資訊等。此外，還可以在虛擬空間內預測總統、行政院長、各國主要部會長官的發言將會對股價造成怎樣的影響。

虛擬空間的應用潛力無限大，但是能夠實現到怎樣的地步，還需仰賴收集輸入資訊的方法、品質、精準度、數字，還有最重要的分析／解析技術、可視化技術等。2021 年日本東京都已經開始推動「數位雙生實現計畫」，目標要在 2030 年實現。想要實現所有的數位雙生情境必須要與有意願建構虛擬空間的專業企業合作，因此推測要到 2030 ～ 2040 年左右才有機會發生。

數位雙生

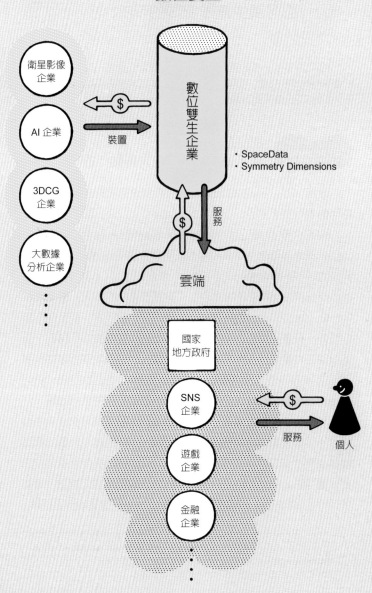

衛星影像企業

AI 企業

3DCG企業

大數據分析企業

數位雙生企業

・SpaceData
・Symmetry Dimensions

$

裝置

服務

$

雲端

國家地方政府

SNS企業

遊戲企業

金融企業

$

服務

個人

9

只需置身該處，
即可產生無限空間的 VR

利用 VR 產生「無限空間」的技術可以應用在觀光、不動產、醫療與社會福利機構等市場，再藉由 B to B to C 的商業模式使其普及。預計在不久的將來，可望一鼓作氣地達到普及狀態。

即使空間狹窄，
亦可透過 VR 實現大幅動作的空間

使用 VR[※1] 可以創造出彷彿置身於無限空間的錯覺。以下介紹目前現有技術。

東京大學廣瀨・谷川・鳴海研究室與 Unity Technologies Japan 簗瀨洋平先生開發出可以在有限空間內無限走路的 VR 技術，命名為 Unlimited Corridor（無限迴廊）。這是一種將 Redirected Walking（能夠產生「視覺效果」的技術）與 Visuo-Haptic Interaction（能夠產生「觸覺效果」的技術）組合在一起的技術。只要將投影在 VR 眼鏡[※2] 中的 VR 空間微妙地轉動，就可以讓正在觀看該支影片的人產生錯覺，明明是走在相同的圓周上卻會覺得自己是在走直線。只需要 7×5m 左右的空間，就可以讓體驗者產生路無止盡的錯覺。簡直就像是天竺鼠的滾輪。

此外，東京大學廣瀨・谷川・鳴海研究室還開發出「無限階梯」。這項技術會讓體驗者感覺自己正在 VR 眼鏡所投影的螺旋樓梯上爬上或爬下。先在鞋子上安裝 HTC 公司所製造的動作追蹤裝置「Vive Tracker」[※3]，再戴上 VR 眼鏡即可進行體驗。看著 VR 影片，就會產生一種彷彿不斷地在上（下）螺旋階梯的錯覺。

※1 VR 是 Virtual Reality 的縮寫，稱作虛擬環境或是虛擬實境。是一種只要戴上 VR 眼鏡，即可感受到顛覆 360°視角卻又得到無限接近真實世界的感官技術。
※2 可以投放出 VR 影片的頭戴式顯示器，亦稱作 VR 眼鏡。

未來商業模式預測　可望普及於觀光、不動產、醫療、社會福利機構等市場

　　這種可以製作出無限空間的 VR 產品會持續進化，預計未來可以在以下市場銷售。

○ 觀光

　　只要站在自家客廳或是庭院，戴上 VR 眼鏡即可進行觀光景點巡禮，感受旅行的氛圍。可以與旅行社合作，製作旅行用的 VR 影片，就可以搭配 VR 眼鏡同時在旅行社內銷售。

○ 房屋仲介商

　　可與欲銷售公寓的公司合作，打造出一個 VR 展示室。房屋仲介商就可以對前來的客戶提供專屬的 VR 服務。

○ 醫療、社會福利機構、健身

　　製作公園、觀光景點等的 VR，並且於醫療、社會福利機構、體育館等處銷售。住在醫院、老人之家等難以出門的年長者只需要配戴 VR 眼鏡，就會有一種彷彿在戶外健走、健身、做復健的感覺。

○ 娛樂

　　可以銷售給遊樂園或是主題樂園。首先，應該會因為 VR 的話題性而增加來客數。在節省空間的狀態下，讓遊客走入體驗巨大迷宮或是鬼屋。此外，或許還可以在來回走動之間，同時進行如 Nintendo《Splatoon》等遊戲或是享受實際在高爾夫球場球洞與球洞之間來回擊球的感覺。

※3　在身上穿戴多個動作追蹤裝置（motion tracking device），即可在 VR 空間內忠實重現身體的所有動作。

○ 美術館、博物館、個展

　　知名繪畫、歷史遺產、恐龍化石等往往會需要運送到實際的美術館或是博物館展示。雖然觀看實體物品有其價值存在，但是往往也伴隨著運送過程中破損、展示中遭竊等風險。如果採用的是 VR 技術即可規避該風險，也具有能夠以較低的成本達成目的等的好處。再者，像是一些無法展示的巨大物品（火箭等）也可以在 VR 空間內供人們以環繞方式觀賞。

　　由於此項技術已經得以實現，推測欲導入、普及至市場並不需要耗費太長時間。只要導入前述 B to B to C 的商業模式，即可期待在不久的將來成為我們身邊理所當然存在的商品。

無限空間 VR

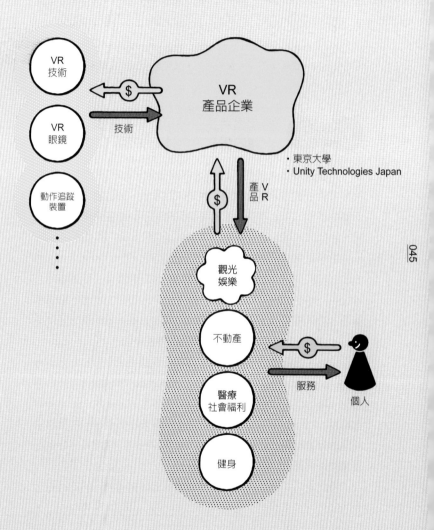

VR技術

VR眼鏡

動作追蹤裝置

$

技術

VR產品企業

・東京大學
・Unity Technologies Japan

產品VR

$

觀光娛樂

不動產

$

服務

個人

醫療社會福利

健身

045

利用器官晶片，讓醫療行為客製化

2030～2040年後，「器官晶片」將會被廣泛使用。之後應該還會再開發出技術更進步的「人體晶片」，甚至開發出個人專屬的客製化藥物。

器官晶片是一種可以用來模擬人體內臟器官功能的東西

器官晶片是一種將人體內臟器官重現於載玻片大小內的晶片，並無法直接用於人體內，而是作為實驗、測試用，以便進行新藥開發等，可以期待該技術有助於縮短新藥開發所需耗費的時間、降低成本等。英文稱作「Organ-on-a-chip」。

哈佛大學研究所韋斯生物工程研究院（The Wyss Institute for Biologically Inspired Engineering）成功開發出「肺泡晶片」（Lung-on-a-chip）。肺泡晶片領先全球成功在生物體外重現肺氣腫，因而廣為人知。該晶片所使用的技術是半導體加工微影（photolithography）這種微細加工的製程技術。

此外，德國弗勞恩霍夫材料與電子束線研究所（Fraunhofer Institute for Material and Beam Technology IWS Dresden）開發出一種可以重現各種內臟器官血液循環狀態的晶片——「多器官晶片」（multi-organ on chip）。只需要將培養好的內臟器官細胞放入被稱作「腔體」（chamber）的地方，使用幫浦促進血液循環，再導入試驗物質、進行分析。

除此之外，還有腸晶片、皮膚晶片等器官晶片。日本方面，

日本醫療研究開發機構（AMED）也於 2017 年開始進行器官晶片開發業務，並以「All Japan」（從頭到尾皆由日本相關產官學界負責）的體制進行。

器官晶片將引發新藥開發革命

器官晶片可運用於醫療、化妝品、化學製品市場。

○ 醫療

新藥開發往往需要耗費龐大的時間與成本。日本製藥工業協會曾表示新藥開發至投入市場為止需要耗費 9 ～ 17 年的漫長時間，以及數百億日幣至數千億日幣的龐大研發經費。再者，新藥開發的成功率僅約三萬分之一，實在相當低。

基本上新藥實驗通常會選在培養皿內進行細胞培養，因為具有可用較低成本方式輕鬆進行實驗的好處。然而，培養皿環境與人體環境有相當大的落差，因此也會造成新藥開發的成功率偏低。此外，動物實驗也經常作為新藥試驗的對象，但是動物與人體狀態仍有些許差異，有時候也無法進行完整的實驗（請別忘了動物們為實驗所作的犧牲）。這些課題都可望透過器官晶片解決。

○ 化妝品、化學製品

　　欲使用作為化妝品原料、洗面乳、洗髮精、建築材料的化學物質等，如果能夠先使用皮膚晶片進行試驗，即可判定是否會對人體造成危害。

　　假設可以輕鬆製造出個人專屬的細胞或是血液的器官晶片，應該就可以用較低的成本、在短時間內進行試驗，並且開發出專屬於個人的、最適合的藥物。為了讓器官晶片更具實用性，最理想的狀態是盡量使其貼近於人體內臟器官。

　　時至 2021 年，器官晶片的成本還相當高昂，但是一些國際新創公司已經開始製造、銷售器官晶片。隨著成本降低，市場最快應該可以在 2030 ～ 2040 年左右普及。接著，2040 ～ 2050 年以後，未來可望出現個人細胞、血液製造器官晶片，從「Organ-on-a-chip」（器官晶片）成為「Human-on-a-chip」（人體晶片），以提供個人專屬客製化的最適醫療服務。

器官晶片

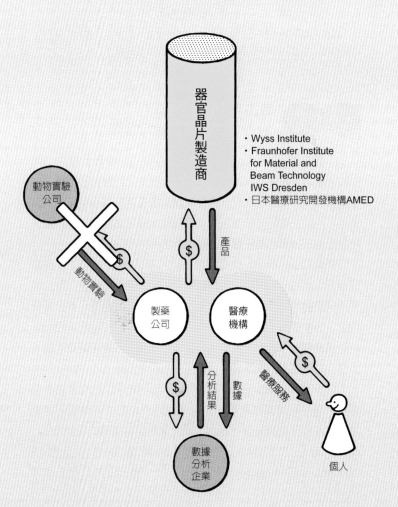

器官晶片製造商

- Wyss Institute
- Fraunhofer Institute for Material and Beam Technology IWS Dresden
- 日本醫療研究開發機構AMED

動物實驗公司

製藥公司

醫療機構

$ 產品

$

動物實驗

$ 分析結果 數據

醫療服務 $

數據分析企業

個人

藉由可穿戴裝置進行預防醫學，
讓人不生病

藉由內建高精準度 IoT 感測器的可穿戴裝置，取得生物資料。運用生物資料進行的預防醫學商業模式今後將會更加蓬勃發展。

New Technology

藉由可穿戴裝置進行
24 小時 365 天的健康管理

目前健康照護市場上銷售著各式各樣的可穿戴裝置[1]，可穿戴裝置內建高精準度的 IoT 感測器。例如：可透過微型體溫計測量體溫、心律數可由紅外線等光線照射身體表面後測量出血流變化。呼吸次數則會依據各公司獨有的指標與演算法（心跳數、呼吸變化、身體活動程度等）進行推估。

芬蘭 Oura Health 公司銷售一款名為「Oura Ring」（智慧戒指），可進行健康管理的指環型可穿戴裝置。雖然小型且輕量，但是卻可以藉由 IoT 感測器進行高精準度的測量，並且記錄體溫、心律數、呼吸次數等。此外，也可以進行「睡眠追蹤」。使用得越頻繁，越能夠累積生物資料數據，期待未來能夠更進一步提升判斷結果的精準度。

日本 Grace imaging 公司開發出可測量汗水乳酸濃度的可穿戴裝置。該可穿戴裝置可測量汗水中所含有的乳酸值，透過 APP 應用程式讓疲勞度可視化，藉此建議更有效率的運動量。

此外，日本 CAC 公司使用光體積變化描記圖法（Photoplethysmography, PPG）技術，捕捉皮膚區塊上微妙

※1 泛指智慧型手錶等可穿戴於身上的電腦周邊設備。

的顏色變化，進行影像解析，以此開發出可測量心律的裝置──「rhythmiru」。透過心律數讓身體狀態可視化，藉此了解自律神經活性程度以及血壓的狀態。不需要隨身穿戴，只要透過拍攝即可以非接觸方式獲取相關資訊。

英國 Astinno 公司開發出可減緩更年期女性困擾、身體燥熱、臉部熱潮紅、盜汗等症狀的錶帶型可穿戴裝置「Grace」。當產品上所搭載的感測器偵測到體溫有上升徵兆時，使用者的手錶就會自動進行冷卻，協助舒緩症狀[2]。

除此之外，世界各國也在進行「智慧廁所」的開發。例如：史丹佛大學在馬桶上安裝鏡頭，以肛門進行使用者辨識，並且開發出可以藉由排便形狀、軟硬度來診斷健康狀態的廁所。透過尿液分析診斷該使用者的生活習慣（個人飲食習慣、運動習慣、藥物使用、睡眠型態習慣等），甚至可以進行癌症、糖尿病、腎臟病等疾病診斷。

* * * * * * * * * * * * * * * * * *

未來商業模式預測

任何人都可以藉由訂閱制分析服務，進行每日健康管理

運用於健康照護的可穿戴裝置以及 IoT 感測器，預計可以在以下市場銷售：

○ 醫療、社會福利機構

可以專門銷售給醫療機構或是社會福利機構，讓住院中的病

──────────────●──────────────

[2] 藉由冷卻（局部冷卻）比較接近體表、較粗且容易被觸摸到的脈搏血管（橈骨動脈），即可迅速讓全身冷卻下來。

患、需要長期觀察的病患、入住社會福利機構者配戴可穿戴裝置。透過可穿戴裝置所取得的數據，可以上傳至這些可穿戴裝置製造商的雲端進行分析。以訂閱制方式提供服務。醫療機構或是社會福利機構可以藉此確認使用者狀況，有助於提供相關治療等手段。

○ 一般家庭

一般家庭也可以是同樣的情境。將每日配戴可穿戴裝置上所取得的數據，上傳至這些可穿戴裝置製造商的雲端進行分析與標示，再以訂閱制方式提供服務。可以將該數據交由醫療機構等確認，有助於進行治療、給予處方等。

此外，智慧廁所可與建商等合作，銷售至一般家庭。預計在不久的將來，將會普及化並且導入新建案。

由於此醫療型可穿戴裝置是具有附加價值的產品，或許可以套用創新擴散理論。此技術目前已經實現。可先由創新者（Innovators）購買，再由早期採用者（Early Adopters）、早期大眾（Early Majority）購買，而後逐漸普及化。此醫療型可穿戴裝置的導入與普及不會需要耗費太長時間，甚至還可以與智慧型手機等智慧型穿戴裝置連動。

預防醫學可穿戴裝置

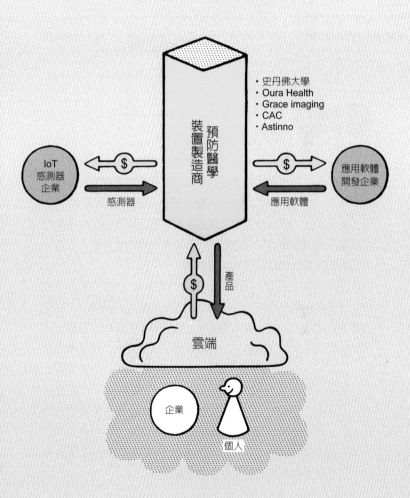

- 史丹佛大學
- Oura Health
- Grace imaging
- CAC
- Astinno

預防醫學裝置製造商

IoT 感測器企業

應用軟體開發企業

$

感測器

應用軟體

$

產品

雲端

企業

個人

053

12

透過「食品技術」，
一起健康長壽吧！

藉由食品技術，進行全方位的飲食管理、遠離疾病。伴隨著各種醫療的進步，到 2050 年之前人類的平均壽命或許就會超過 90 歲。

長壽的關鍵在於人造肉技術、
代餐、分子食物

食品技術（Food tech）是一種隨著醫療發展，對延長人類壽命有所貢獻的食品技術。在此介紹目前現有的食品技術案例。

人造肉技術（meat tech）是一種使用大豆取代肉類的技術，是將大豆、碗豆等豆類或是甜菜根加熱或加壓後，使植物性蛋白質的纖維結構排列接近動物性蛋白質，藉此讓外觀、味道，甚至是口感接近肉質狀態重現的技術。

日本最有名的是不二製油公司。它們銷售「顆粒狀大豆蛋白」這種可以用於畜肉加工食品、水產加工食品的纖維狀大豆，口感接近牛肉、豬肉、雞肉等肉質。將大豆蛋白萃取、分離後，具有優異的乳化性、保水性、黏著性等，可適用於各式各樣的料理。

除此之外，丸米公司（Marukome）也有銷售「大豆實驗室」（Daizu_Labo）的系列產品。「大豆實驗室」系列總共有絞肉狀、圓餅狀以及塊狀等三種類型的產品。由於不含真正肉類所具有的動物性脂肪，因此不用擔心食用後「會造成動脈硬化」、「會因為高熱量而變胖」等問題。

此外，所謂的「代餐食品」是指一餐中包含完整所需必要營養素的食品。均衡含有微量營養素（三大營養素）的蛋白質（Protein）、脂質（Fat）、碳水化合物（Carbohydrate）。在健身界經常會聽到的「PFC Balance」指的就是這種食品。日本代餐食品製造商中較具知名度的有 BASE FOOD 以及 Huel 公司。例如：BASE FOOD 的麵包使用全麥麵粉、奇亞籽、昆布粉等營養豐富的食材。因為透過真空包裝加熱殺菌，因此不需使用添加物即可長時間保存食物。不僅是麵包，也可以妥善保存拉麵的麵體。

　　「分子食物」（molecular gastronomy）也是一種食品技術。是將食材或是在料理過程中掌握到最微小的分子程度，以創造出新味道或口感的技術。例如：在不改變食材風味或口感的狀態下，使用液體氮讓食材瞬間冰凍；將湯底或是咖哩混入一氧化二氮，在不影響風味的狀態下使其形成泡沫狀；在番茄糊（tomato paste）中使用海藻酸鈉使其凝固等，彷彿像是在進行化學實驗般的料理方法。

- -

未來商業模式預測　**餐飲是可以完全控制的**

　　食品技術可以銷售至以下市場：

○ 健康照護、醫療、社會福利機構

　　使用食品技術，可以控制營養素或是卡路里。即使吃下再多喜愛的食物，也會不發胖，讓人們可以健康地生活。

○ 宇宙

　　當人類移居月球或是火星，每次都要從地球輸出用來製作太空食物的肉類，成本會相當高昂。更別說是在宇宙中飼育家畜，還需要考量重力環境、輻射、飼育成本等，恐怕更不切實際。因此，就可以運用這種以植物為原料的人造肉技術或是代餐等。

　　目前這項技術已經確立可行，也已經商品化。只需要改良味道與口感等、更低價化，再進一步達到普及化應該不需要耗費太多時間。隨之而來的是，推測有些疾病或許可以藉由管理飲食進行預防，甚至延長壽命。

　　依日本政府提出的數據，表示到 2050 年之前未來女性平均壽命將超過 90 歲 [1]。除了食品技術，運用本書所介紹的預防醫學可穿戴裝置（第 50 頁）、味覺控制器（第 58 頁）等科技，未來一定會出現超長壽的社會吧！

---・---

※1　日本江戶時代的平均壽命為 32～44 歲；明治、大正時代的平均壽命約為 44 歲；昭和 40 年代時約 67 歲，迄今日本女性平均壽命已達 87 歲，為世界第一長壽國。

食品技術

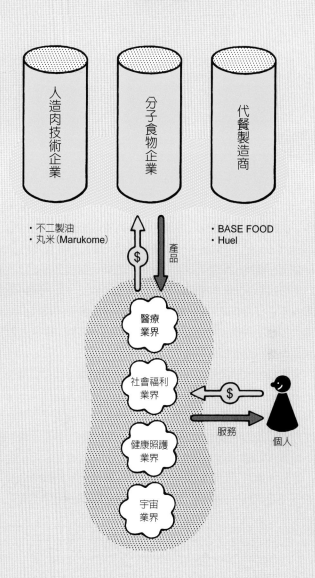

人造肉技術企業

分子食物企業

代餐製造商

・不二製油
・丸米(Marukome)

$

產品

・BASE FOOD
・Huel

醫療業界

社會福利業界

$

服務

健康照護業界

個人

宇宙業界

味覺是可以控制的！

味覺控制技術已被開發出來，再過約 10 ～ 20 年的時間即可導入減重、健康管理、娛樂、食品開發等市場。

 New Technology 藉由電流對舌頭進行刺激等方式，控制味覺

我們已經進入可以控制味覺的時代，以下介紹目前現有案例：

VR 領域第一把交椅──東京大學鳴海拓志副教授開發出了「Meta Cookie」。教授表示所謂味覺是一種透過大腦將食品外觀、味道、觸感、記憶等結合在一起的感覺，目前正在進行透過 VR 等技術實現味覺的相關研究。所謂 Meta Cookie，舉例來說就算食用的是沒有味道的餅乾，只要戴上 VR 眼鏡，即可投影出巧克力口味的餅乾，同時產生巧克力的味道。這樣一來，人們就會誤以為自己吃到的餅乾是巧克力口味。

美國緬因大學開發出一種藉由電流刺激味蕾，即可模擬並且重現味覺的筷子。該筷子內藏有電極，只要改變電流頻率、電極材料、舌頭刺激位置等即可產生不同的參數，並且重現人類五種基本味覺（酸味、甜味、苦味、鹹味、鮮甜味）中的三種：鹹味、酸味、苦味。

明治大學宮下芳明教授開發出名為「Norimaki Synthesizer」（壽司捲合成器）的裝置。該裝置所使用的方法是分別溶解可以

讓人感受到五種基本味覺的電解質,再加入寒天凝固成「凝膠」。讓人體與裝置之間形成電路,在電路上以施加電壓的方式讓凝膠內部離子進行電泳(electrophoresis)[1],只要控制接觸到舌頭的離子數量,就可以改變味道。因此,調整各個味道的比例後,即可製作出喜愛的味道。

除此之外,宮下教授還開發出「可以改變食物味道的手套」。產品運作機制是在該手套的食指部分裝上電極,就可以透過湯匙或叉子等金屬製餐具通電後給予舌頭味覺。

Michel/Fabian 設計工作室的 Andreas Fabian 開發出可以讓食物變好吃的湯匙——「Goûte」[2]。Goûte 的形狀類似手指,使用起來的感覺彷彿在舔舐抓過食物的手指。據說使用Goûte 後,「比起一般湯匙,更能提升知覺」、「可以讓食物美味度提升 40%」等。

··

未來商業模式預測　可以進行味道模擬體驗

味覺控制器已被開發、製造出來,可銷售至一般家庭、醫療機構、食品企業、娛樂企業等。

○ 一般家庭、醫療機構
可以進行每日飲食的減鹽、降低卡路里等的健康管理。可以藉此協助減輕醫療機構方面對患者提供餐飲的壓力。

※1 係指帶電粒子在電場中運動的一種現象。在分子生物學或是生化學當中,是一種不可或缺的、用來分離 DNA 或是蛋白質的方法。
※2 Andreas Fabian 於 2011 年發表過一篇名為「Spoons & Spoonness」的論文並取得

　　　　　　　　　　2050

○ 娛樂

觀看著電視等媒體中所播放的用餐場景或是美食報導時，觀眾或許就可以使用味覺控制器，穿越電視進行一場味覺的模擬體驗。食品、餐廳、居酒屋的廣告應該也可以運用這種模擬體驗。發表於 Twitter 等 SNS（社群網路服務）的食物照片也可以與味覺控制器合作，讓看到照片的網友們進行味道模擬體驗。

○ 食品開發

食品企業或是餐廳等欲開發新菜色時，可運用味覺控制器，省去一點一點慢慢改良食品的開發程序，藉此削減開發成本。

時至 2021 年，這項模擬器已經被開發出來，未來的味覺品項陣容想必會更加豐富，在功能面也會有更多模式可供選擇。預計再過 10 ～ 20 年左右，將逐漸滲透至醫療機構、娛樂、食品市場，隨著產品價格下降，應該也能夠普及至一般家庭。

博士學位。「Goûte」在法文中是「品嚐」的意思。

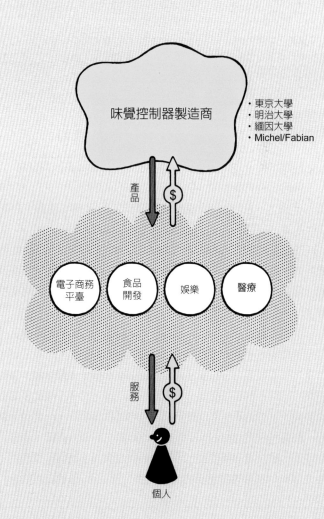

味覺控制器

味覺控制器製造商

- 東京大學
- 明治大學
- 緬因大學
- Michel/Fabian

產品

$

電子商務平臺

食品開發

娛樂

醫療

服務

$

個人

14

輕鬆做菜，絕不失敗！

　　目前已經開發出的「料理機器人」價格應該會再降至可普及至一般家庭的價位區間。預計再過 10、20 年左右，就會出現「輕鬆」、「不會失敗」的料理場景。

料理科技中，將使用 IoT、AI、機器人學（Robotics）等技術

　　料理科技，又稱「料理 Tech」。以下介紹目前現有案例。

　　目前已經開發出可以製作料理的 3D 印表機[※1]──「3D 食物印表機」。3D 食物印表機調理方式是利用轉動噴嘴，將穀物、水果、蔬菜等已經混合成糊狀的材料擠壓出來。

　　西班牙開發出名為「FOODINI」的 NATURAL MACHINE 則是將糊狀的食材放入膠囊中，藉此調整、料理風味、甜味、顏色等。目前全球已經有多臺 3D 食物印表機，然而價格還相當昂貴。

　　英國 Moley Robotics 公司的「Moley」不僅會做料理，還是一臺能夠在料理後進行清潔的家庭用料理機器人[※2]。二隻機器手臂在流理臺上左右開弓運作，可以拿起鍋子或是材料，進行攪拌、切菜、開關水龍頭、盛入器皿等作業。此外，機器手臂上搭載鏡頭、感測器，可以經常確認食材是否有髒汙，一旦發現髒汙，就會利用內建的 UV 紫外線進行殺菌。料理完成後，還會自動整理、擦拭流理臺表面。目前已經可以製作出約五千種菜色。會先以影片拍攝專業廚師的料理場景，再讓 AI 透過該影片進行

※1 3D 印表機是一種可以將設計圖檔案化，並且將欲製作的東西製作成三次元立體物品的印表機。

※2 以往的料理機器人皆為商務用途，可以負責製作特定的料理。例如：中式餐廳的炒飯

機械式學習後重現該技能。

此外，還有可以管理食材消費期限的智慧貼紙（Smart Tag）。我們在超市大量購買特賣商品後，經常會發生忘記使用、用不完而過期等情形。美國 Wide Afternoon 公司的「Ovie」即是讓消費者在食材上黏貼相關資訊的 IoT 貼紙後放入冰箱，快要過期時該貼紙就會以發光方式提出警示。

未來商業模式預測

料理機器人可以從富裕階層賣入一般家庭，再銷售至宇宙

提供上述產品的企業應該可以銷售至以下的市場：

○ 一般家庭

3D 食物印表機或是料理機器人產品，會先讓富裕階層的人士購買。累積實際使用經驗後，就可以開始提供個人專屬的客製化料理菜單，也可以提供獲得米其林星等的廚師或是知名料理人士所開發的菜單給一般家庭，並且可以開發出付費或是免費的菜單。

○ 餐飲店、家庭餐廳等

可以銷售至連鎖加盟的餐飲店等。優點是可以在接受點餐後的極短時間內提供味道不會有所偏差的料理，也可以藉此削減人事費用。

機器人、日本豪斯登堡樂園內的霜淇淋機器人或是章魚燒機器人。

○ 醫療、照護

可以配合病患或是需要照護者的狀況，考量營養、卡路里、咀嚼能力等狀況，由 3D 食物印表機製作餐點。必要時也可以僅製作必要的分量、提供品質穩定的料理，大幅減輕照護者的負擔。

○ 宇宙

在稍微有點遙遠的未來，也可以導入至太空殖民地、月球、火星等處。國際太空站（International Space Station, ISS）方面目前已有 Redwire（Made In Space）等公司成功進行宇宙專屬 3D 印表機的製造與營運。因為 3D 食物印表機在無重力環境下要解決的課題恐怕還不少。此外，在宇宙間必須讓垃圾與廢棄食材達到最小化，因此可以管理重要食材有效期限的智慧貼紙簡直被視為珍寶。

此外，產品不良的問題也可以因此獲得解決、進入價值工程 VE（Value Engineering）階段[3]等，使成本下降。之後，如果得以普及，隨著大量生產將可望降低成本，進入一般家電的價格區間。要能夠普及至一般家庭，正常來說應該要耗費 10 ～ 20 年左右的時間。所以，當然還是先以宇宙市場為優先。

・

※3 亦稱價值分析（Value Analysis, VA），在不降低產品、服務品質或是功能價值的狀態下，抑制成本；或是以低成本方式大幅提供功能的方法。

料理科技

電子商務網站

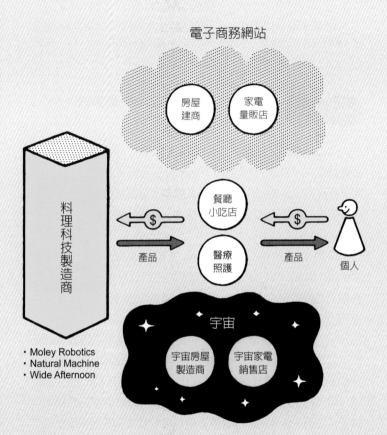

房屋
建商

家電
量販店

料理科技製造商

餐廳
小吃店

$

$

醫療
照護

產品

產品

個人

· Moley Robotics
· Natural Machine
· Wide Afternoon

宇宙

宇宙房屋
製造商

宇宙家電
銷售店

2040   2050

15. 透過「睡眠科技」
邁向沒有睡眠煩惱的未來

提供更優質睡眠的科技——「睡眠科技」產品將會以合理的價格普及化，預計在不遠的將來，將會理所當然成為寢具的一部分。

New Technology　睡眠科技的關鍵在於 IoT 感測器與高階分析技術

可以提高睡眠品質[1]的「Sleep Tech」（睡眠科技）是將睡眠的英文「Sleep」與科技「Tech」結合而成的新詞彙，意旨用來提高睡眠品質的科技、產品、服務。睡眠科技的關鍵在於可以透過 IoT 感測器進行生物資訊檢測，以及分析該資訊的分析技術。

東京大學新創公司 Xenoma 的數位健康照護睡衣——「e-skin Sleep & Lounge」能夠提供使用者舒適的睡眠品質。該睡衣上裝有 Sleep & Lounge Hub 裝置，透過該裝置可以測量使用者的心律數與呼吸，並與智慧型手機應用程式「e-skin Sleep」連動，根據睡眠深度、節奏、小睡、熟睡、睡眠合計時間來評估「睡眠分數」。除此之外，也可以確認「睡眠階段」（sleep stage）讓睡眠狀態可視化，以及確認自動記錄入睡時間、起床時間等的「睡眠履歷」。使用者可以從這些紀錄檔案中獲得「睡眠改善建議」。再者，還具備在最適當時間點喚醒使用者的「舒眠鬧鐘」功能。如此高機能型的睡衣材質為 100% 棉質，只要取下感測裝置即可自行在家中清洗。

---

[1] 約有 9 成的日本女性有睡眠問題。平日睡眠時間為「6 小時」者為最多，占 40.7%，其次為「5 小時」占 25.5%、「7 小時」占 21.1%。令人驚訝的是還有 7.8% 的人「未滿 4 小時」（根據日本知名女性網站 OZmall 調查）。

Philips 公司的「SmartSleep Deep Sleep Headband」只需要將 Headband 穿戴在頭上睡覺，不僅會播放出令人舒心的音樂，還能夠測量腦波狀態，掌握睡眠階段。由骨傳導音響播放出的聲音，能夠配合睡眠狀態自動調節音量與音域。喚醒使用者時，會特別選在淺眠狀態下播放鬧鈴，因為在淺眠狀態下起床，可以讓人覺得更加清醒與舒適。

法國 Moona 公司基於睡眠科學進行智慧枕頭設計，開發出「Moona cooling pillow pad」。這種枕頭是以水冷方式讓頭頸部處於舒適的溫度，藉此能夠整晚進行全身體溫調節，讓人獲得舒適的睡眠，並且可以透過智慧型手機進行更細微的溫度設定。

此外，SWANSWAN 公司也推出可以改善打鼾或是睡眠呼吸中止症候群，可穿戴於脖子上的「Sleeim」可穿戴裝置。該裝置上的 IoT 感測器可以監控通過氣管的呼吸聲音，檢測到使用者發生呼吸中止或是打鼾時，脖子上的裝置就會震動，達到改善症狀的效果。

・・・

未來商業模式預測

睡眠科技是健康照護、醫療市場的附加價值商機

目前提供睡眠科技產品的企業已經開始朝向個人的 B to C 商業模式。未來將擴大銷售對象至以下市場，並且在既有商業模式內提供附加價值：

○ 健康照護

可以向有睡眠煩惱的使用者銷售睡眠科技產品。透過手機應用程式，提供個人客製化的訂閱制服務。此外，目前已經出現可以讓人臨時小睡片刻服務的店家，為了提供更高品質的睡眠服務，亦可導入相關睡眠科技。

○ 醫療

可以向醫院的住院病患或是住宿型的高級健康檢查受檢者提供睡眠科技產品，期待藉此產生減緩隔日手術或是檢查緊張感的效果。基本上，就是一種附加價值服務。

隨著睡眠科技實際使用經驗的累積，將會出現個人專屬的客製化服務、服務品質提升、因大量生產而降低成本等情形。比起目前為止的產品，初期功能較強大的睡眠科技產品因為價格區間將成為欲提供高階醫療服務品質的醫院或是高級健康檢查等的 B to B 產品，約需 5 萬日幣左右的高額費用。然而，最終將會普及至一般家庭，價格應該會低於 1、2 萬日幣。再者，估計不需耗費太久的時間就會出現更多相關服務。

睡眠科技

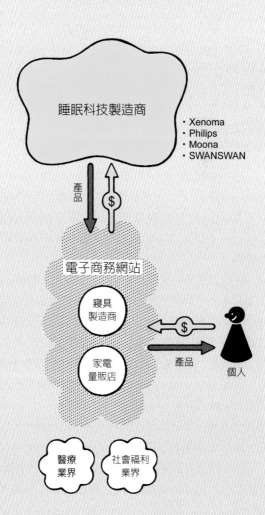

睡眠科技製造商

· Xenoma
· Philips
· Moona
· SWANSWAN

產品

$

電子商務網站

寢具
製造商

家電
量販店

$

產品

個人

醫療
業界

社會福利
業界

090

直接從大樓樓頂飛到國外去！
飛行計程車啟動

目前已開發的飛行計程車「eVTOL」，將在 2030 年後作為連接鄰近國家之間的移動工具。

New Technology 飛行計程車將採用 eVTOL 方式

飛行計程車所採用的 eVTOL（electric Vertical Take-Off and Landing）方式，通常是指在沒有螺旋槳的輔助下，採用漂浮式的電動垂直起降飛行器。日本方面有 SkyDrive、teTra aviation、eVTOL Japan 等公司，正在開發 eVTOL 型式的飛行計程車。

在此介紹目前現有的飛行計程車計畫。開發 eVTOL 的新創企業 Eve 為世界第三大的巴西飛機製造商 Embraer 旗下企業。Eve 的 eVTOL 採用 Fly by wire。所謂 Fly by wire 與以往的方式（將操縱桿、踏板等的動作直接傳送至副翼和升降舵）有所不同，是以電力方式控制操縱系統。根據座位設計數量推測搭乘人數應該是限乘 4 人。可惜的是，目前其他詳細尺寸、重量、相關電力、續航距離、飛行速度等狀況未明。此外，Eve 方面也獨自提供修繕、事故因應、駕駛訓練、定期點檢、保險、位置資訊、運行支援等運行車隊管理（Fleet management）服務。

Eve 的空中交通管理採用新興科技—— UATM（Urban Air Traffic Management 的簡稱）。是在當有許多 eVTOL 飛行時，

守護都市空中安全的重要技術。

再者，英國企業 Halo 提出紐約⇔倫敦之間的飛行計程車運行計畫。Halo 是一家由英國 Halo Aviation 和美國聯合飛機集團（Associated Aircraft Group, AAG）合作成立的公司，經營直升機相關業務。Halo 從 Eve 購買二百架 eVTOL 飛機，計畫於2026 年在紐約和倫敦部署空中移動運輸（air mobility）服務。Halo 企圖打造全世界第一個綜合性都市空中移動運輸 （Urban air mobility）系統。都市空中移動運輸是一種不受交通堵塞影響、不需要跑道或控制技術、無噪音、無廢氣的城市空中交通工具。

未來商業模式預測

eVTOL 商業模式預期可成為穿越國家之間的飛機版計程車

以地上型的計程車商業模式來看 eVTOL 的商業模式，差異在於：①場域在空中、②運行範圍較廣、③不需要以機場為據點，即可移動至其他國家等。

欲搭乘時，可以先透過手機應用程式預約飛行計程車，接著只需要前往大樓頂樓等處即可。預約備機時，會先與智慧結帳系統（人臉辨識等生物辨識）連線，預防劫機或是傳染病傳染等問題。

此外，在出入境程序方面，同樣必須備妥機場現有流程。運行管理系統的整備也相當重要。透過 GPS 以及雷達圖，掌握

eVTOL 運行位置、運行高度、運行時間，同時也可以避免與其他 eVTOL 等空中移動運輸工具 [1] 發生碰撞、掌握著陸地點。該運行管理系統預計會由掌握現有航空管制系統技術的英國 BAE Systems、英國 L3Harris、Lockheed Martin 等企業進行製造、安裝、採購，並且包含後續的維護管理業務。

Halo 的倫敦、紐約運行計畫如果順利進行，即可成為飛行計程車的運行指標範例，包含其他 eVTOL 運行企業在內，將逐漸開通不同的路線，並且擴大至全世界。觀察 Halo 的業務時程規劃，eVTOL 的開發將於 2025 年左右完成，並且開始推動相關業務。之後，待運行系統等完成後，預計在 2030 年後可望達到一定程度的規模。

※1 所謂空中運輸係指無人機或是飛行計程車等「在空中移動的輸送工具」。目前世界各地皆有技術落地的實現計畫，2030 年代後期將會有大小各異的空中運輸工具在空中交錯飛行。

飛行計程車

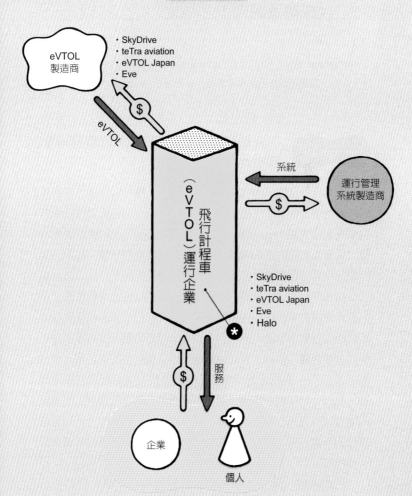

eVTOL
製造商

- SkyDrive
- teTra aviation
- eVTOL Japan
- Eve

eVTOL

$

系統

運行管理
系統製造商

$

飛行計程車
(eVTOL)運行企業

- SkyDrive
- teTra aviation
- eVTOL Japan
- Eve
- Halo

*

$

服務

企業

個人

有些會兼任 eVTOL 製造商

2040   2050

利用「光學迷彩」，
成為透明人！

變身成為透明人的技術除了可以運用在軍事上，預計還可應用至娛樂、能源、自動駕駛技術等各種市場。

「光學迷彩」技術能夠讓我們變身成為透明人

光學迷彩（Optical Camouflage）是一種可以藉由光學的方式，讓對象物件看起來像是透明狀態的技術。開發出這種技術的企業是加拿大的 HyperStealth Biotechnology[1]。該技術僅是放置一張薄如紙張的透明薄膜，薄膜會與景色合為一體，從第三者的角度來看即可實現透明人狀態。這種薄膜是利用柱狀立體透鏡（Lenticular Lens）原理，柱狀立體透鏡是一種在薄膜表面上排列著無數細長魚板狀凸透鏡的薄膜。魚板狀凸透鏡的特性是從魚板狀凸側方向的影像不變，但是從其半徑方向看到的影像則會消失或是變得難以辨識，將二片薄膜互相交錯貼合即可呈現出透明人的狀態[2]。由於該薄膜相當輕盈，因此可隨心所欲地搬運移動。此外，也不需要電源。再者，還有價格便宜的優勢。該薄膜不僅是在可視光下，在紫外線、紅外線、短波紅外線下的功能皆不變。不論白天、夜晚，在功能上都不會有問題，是相當厲害的一種技術。

日本方面，東京大學稻見昌彥教授利用「逆反射材料」（Retro reflection），開發出可藉由光學迷彩呈現透明人的技

※1 加拿大軍用制服的世界級製造商。設立於 1999 年，因推出迷彩圖案（camouflage pattern）受到肯定，而後導入至美軍、約旦軍隊等，擁有世界 50 個國家以上的使用實績。

術。逆反射材料的特色是，光線進入材料後光線不會散開，而是會筆直地回歸。所以，投射出與背景相同的影片時，光線會直接回歸至觀看方。因此，只要在塗有逆反射材料的薄膜上投影背景，即可看起來像是融入背景般的錯覺。

此外，「超材料」（Metamaterial）這種具有負折射率的物質也備受矚目。英國倫敦帝國學院（Imperial College London）John Pendry 教授等人於 2006 年發表「可望實現透明斗篷」相關理論。只要在物體上覆蓋具有特殊負折射率的超級材料，就可以讓該物體看起來變得透明。由於屈折的方向相反，因此光線的路徑會屈折成「〈字形」。

* *

未來商業模式預測 **可從軍事應用到娛樂方面的透明人技術**

光學迷彩技術可以銷售至以下市場，並且可望出現以下商業模式：

○ 軍事、防衛
　　誠如各位所想像，光學迷彩技術主要運用於軍事。可用於軍事服裝的迷彩圖案，以及防衛裝備品偽裝等各種場景。

○ 能源
　　使用光學迷彩技術，可以增加太陽光電板的發電量。根據實驗，有無設置立體印刷薄膜的發電量大約會相差到 3 倍之多。

---・---

※2 據說早於第二次世界大戰前就已經開發完成，其實是一種相當簡單的技術。Hyper Stealth Biotechnology 表示許多物理學者都抱持著不可能的舊有觀念，連著手進行研究開發都不願意。

在最適化狀態下，根據薄膜設置方法、張數、太陽光電板的半導體種類，可望增加發電量。

○ 娛樂、廣告

利用全像攝影（holography）技術，可以用立體的方式在光學迷彩薄膜上投影出絕美的影片，並且用於演唱會或是廣告等場合。由於系統架構意外地簡單，使用起來既輕鬆又便宜。

○ 自駕車

在自駕車（自動駕駛汽車）上搭載 LiDAR[※3] 系統。LiDAR 所使用的雷射光只有一道，只要多增加幾道，即可增加資訊量、提高解析度，更能夠增加安全性。使用這種立體印刷薄膜，可以將一道雷射光進行分割，增加成將近四百萬道小雷射光。

時至 2021 年，光學迷彩技術的成熟度已經相當高，未來還會持續進化。除了光學迷彩以外，還可以藉由電力控制，實現負折射率技術以及將對象物件以光學方式融入周圍影片或是景色的投影技術。隨著功能、性能提升，光學迷彩的運用場景預計在 10 ～ 20 年後會增加更多，讓各種應用市場發生變化。

※3　LiDAR 是 Light Detection and Ranging 的簡稱。是一種將雷射光照射到對象物上，再以感測器觀測到該散射光線或是反射光，即可確認至對象物的距離或是對象物性質等狀態的技術。

透明人服務

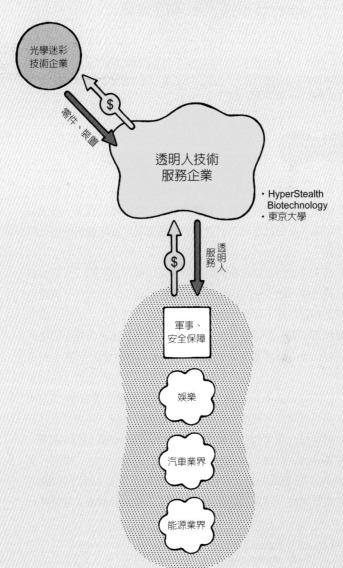

光學迷彩
技術企業

$

零件、裝置

透明人技術
服務企業

· HyperStealth
Biotechnology
· 東京大學

$

透明人
服務

軍事、
安全保障

娛樂

汽車業界

能源業界

透過「眼鏡型探測器」，即時分析進入視角的資訊

AI 演算／推算的演算法日益精準，「眼鏡型探測器」也隨之進化。眼鏡型探測器可望因小型化、輕量化、低價化等而逐漸滲透至市場，未來很快就會成為一種智慧型裝置。

New Technology 可藉由智慧型眼鏡、AI、AR、IoT 感測器實現「眼鏡型探測器」

還記得漫畫《七龍珠》中，弗利薩（Frieza）將對手戰鬥力以數值化方式顯示在眼鏡上的場景嗎？他所配戴的就是一種眼鏡型探測器。很快地這種透過眼鏡型探測器顯示高階資訊的時代即將來臨。

以下介紹目前的技術開發情形。可以顯示資訊的「智慧型眼鏡」是一種眼鏡型的可穿戴裝置。說是眼鏡型，但是並不具備視力矯正相關功能，而是可以透過眼鏡顯示一些資訊、進行拍攝或是播放音樂等。所謂眼鏡型探測器的定義，是透過智慧型眼鏡、AI、AR、IoT 感測器等分析各種資訊後，再顯示出來的一種裝置。

日本宮崎大學川末紀功仁教授開發出只要配戴眼鏡型探測器，即可瞬間以可視化方式確認豬隻體重的裝置。豬隻們不需要站上體重機，而是利用一種透過 AI 與 AR 進行體重檢測的裝置，該裝置由 3D 相機[※1]、智慧型眼鏡、傾斜變位計[※2]、電腦（演算用 PC）所構成。由 3D 相機拍攝豬隻的影像後，傳送至電腦，再由電腦處理、演算該影像後，即可推估豬隻的體重，並且將該

※1 可以用 3D 方式抓取資訊的相機。
※2 可以檢測穿戴智慧型眼鏡者頭部傾斜狀態的感測器。

體重數值顯示於智慧型眼鏡上。在推估體重方面，目前是先以豬隻的身體作為標準範本，並以電腦進行處理、演算。再將該數字與 3D 相機所拍攝到的影像進行比較（fitting），藉此推估豬隻的體重。也就是說，會有一個指標先顯示「如果是這種尺寸的豬隻，大約會是這種體重」，以此進行比較並推估體重 [3]。如果無法把豬隻影像拍得很清楚也沒有關係，該技術也具備校正姿勢、體型等的功能。藉由這種精密的處理、演算，可以將體重的誤差範圍縮小在數％以內。

未來商業模式預測

未來會如同智慧型手機般，成為次世代智慧型裝置或是核心裝置

眼鏡型探測器將會與 iPhone、Android 同樣成為一種智慧型裝置，並且開發出獨有的作業系統（OS），於雲端空間提供服務給各個企業。

○ 農業、畜產

2021 年當時先以豬隻為對象，未來會再以豬隻以外的家畜或是農作物為對象，透過眼鏡型探測器判斷最適當的出貨與收穫時期。

○ 一般家庭

推測會如智慧型手機、平板電腦般，成為次世代智慧型裝置、核心裝置之一。可以和 SNS（社群網路服務）等合作，透

---

[3] 以往進行豬隻體重測量時相當耗時費力。因此有很多養豬戶並不會測量豬隻體重，僅以飼育天數與豬隻外觀來判斷可出貨時間。

過眼鏡型探測器顯示最近所發生的事件（事故）資訊、交通堵塞資訊、電車誤點資訊等。

○ 醫療

可以與各種醫療資料或是 AI 技術等合作，運用於醫療領域。利用 AI 分析前來看診的患者體溫、體重、表情等，再以眼鏡型探測器顯示其可能罹患的疾病。醫師們可以透過眼鏡型探測器，提供更準確的看診服務。

日本 QD Laser 公司日前針對視覺障礙者，開發出可以直接將影片投影在視網膜上的智慧型眼鏡。如此一來，患者即可無異於視覺正常者般步行、行動。

○ 觀光

走在路上，可以透過眼鏡型探測器，顯示餐廳、零售商店等的特惠資訊。此外，也可以在旅遊景點提供觀光地的導航或是解說導覽。

如此具有未來感的眼鏡型探測器，讓人不禁想起《七龍珠》的內容，能夠進行各種資訊的分析、預測。雖然此技術已經得以實現，但是隨著未來 AI、演算、預測相關演算法更為精準，以及低價、小型、輕量化，可望逐步滲透至市場。

眼鏡型探測器

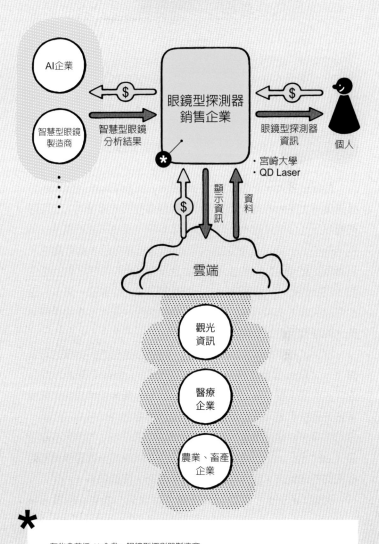

*
有些會兼任 AI 企業、眼鏡型探測器製造商

不需充電！藉由體溫及汗水即可作動的可穿戴裝置

它除了是一種可拋棄式的電池，甚至還不需要充電。只要藉由體溫或是汗水即可發電，使用於可穿戴裝置的未來預計將在 2030 年後出現。

New Technology　藉由人類的體溫發電，讓人體變成電池

科羅拉多大學波德分校（University of Colorado Boulder）張建良博士等人所開發出的可穿戴裝置僅需與皮膚接觸，即可透過體溫或是汗水發電。具有形體小如戒指、低成本、可撓性（具有伸縮性）、自我修復功能（第 142 頁）等特色。此發電機利用賽貝克效應（Seebeck effect）[1]，每 $1cm^2$ 可在皮膚上產生約 1V 的電壓。一般錶帶尺寸，約可產生 5V 的電壓。再者，由於可以回收，比起以往的電子儀器更為環保，還可以像堆疊樂高積木般堆疊發電機模組，以提高電力。

東京工業大學菅原聰副教授正在進行以體溫進行發電的新裝置——「微熱電發電模組（μTEG 模組）」的研究開發。除此之外，大阪大學、早稻田大學、靜岡大學、產業技術綜合研究所等研究團隊也應用既有技術、半導體積體電路的微細加工技術，成功開發出以體溫發電的發電機。據說能夠在 5℃的溫度下產生每 1 cm^2 12 μW 的高密度功率。由於可與既有半導體積體電路以相同方法製作，因此期待可以大量生產、降低成本。

美國 MATRIX[2] 開始銷售搭載全世界第一個可利用體溫發

※1　賽貝克效應（Seebeck effect）是藉由某種物質（半導體等）兩端溫差發生電流的現象，該發電技術僅應用在 40℃以下的體溫與溫度環境。

電、使用「熱發電技術」的智慧型手錶──「Matrix Power Watch」系列。Matrix PowerWatch 由熱電元件與升壓變換器（boost converter）[※3] 所構成。Matrix PowerWatch 不僅可以利用體溫發電，還可以蓄電，因此即使從手腕摘下後，還是可以藉由原先蓄積的電力來驅動。

未來商業模式預測

不需電池的可穿戴裝置，未來將成為複合式的通訊方式

不需要電池，也不需要充電的可穿戴裝置可望成為如 Apple Watch 般能夠統整所有資訊的智慧型裝置。在不久的將來，此技術將會成為以下產品或是導入以下市場：

○ 手錶

類比、數位手錶可以採用不需電池的穿戴型可攜式（wearable）技術進行產品銷售。如果沒有戴在手腕上就會以太陽能電池等提供電力，穿戴在身上時即可透過體溫等方式提供電力使用。

○ 智慧型眼鏡、眼鏡型探測器

如第 78 頁中所介紹的「智慧型眼鏡」或是「眼鏡型探測器」皆可採用以體溫發電的技術。只要透過會與肌膚接觸部位，如耳朵、頭部側邊等處的體溫即可發電。

083

※2 2011 年設立於矽谷，為物質科學相關的新創企業。
※3 升壓變換器是可以將熱電元件所產生的低發電量，轉換為可使用狀態的裝置。

○ 健康照護

　　一些用來測量消耗卡路里、計算步數、睡眠量等的可穿戴裝置皆可採用內建小型 IoT 感測器的技術。穿戴第 50 頁中所介紹的 IoT 感測器產品時，藉由此技術，即不需要再使用電池。

○ 野生動物等的研究

　　進行動物生物調查時，可能會需要使用到一些安裝於動物身上的感測器。由於動物也有體溫，因此不需要電池。

　　亦可期待應用至邊緣運算（Edge Computing）（不須經過雲端，而是可以直接在接近終端位置進行資料處理的電腦）。藉此不需要將資訊傳送至雲端，只要進行終端的分析、處理，即可即時因應狀況。

　　時至 2021 年，已經開發出可藉由體溫、汗水等發電的可穿戴裝置，預計不需要耗費太久的時間即可達到商業化階段，但是要完全滲透至市場約需 10 年左右。

體溫發電、人體電池

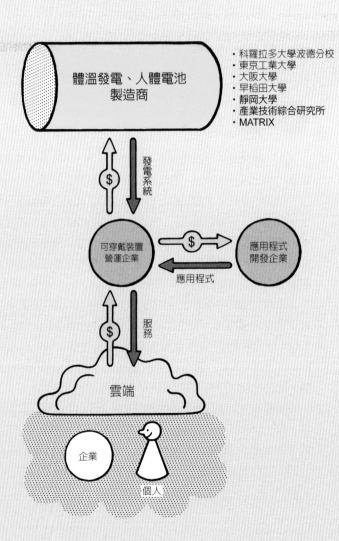

・科羅拉多大學波德分校
・東京工業大學
・大阪大學
・早稻田大學
・靜岡大學
・產業技術綜合研究所
・MATRIX

085

2040　　　　2050

讓世界各地都可以飲用到潔淨的水

以防災用、休閒度假專用為目的，可以在沙漠地區、下水道基礎建設尚未完備的國家以及地區，取得安心、安全、潔淨水源的科技正在銷售中。

 可以獲得潔淨水源的技術關鍵在於
New Technology 隔離膜與多孔質材料

水，是人類生存所需、不可或缺的東西。未來我們將不用隨時隨地為水資源而煩惱。在此介紹目前已開發的技術。

把海水變成淡水的技術已經確立可行。如日立造船等公司提出一種稱作「逆滲透膜法」（Reverse Osmosis, RO）的技術，可以將加壓至浸透壓以上的海水供給至半透膜（Semipermeable Membrane）後過濾產出淡水，並且已將使用這種逆滲透膜法的裝置銷售至沖繩離島以及世界各國。

也有從空氣中製造水的裝置。這種裝置可以運用於距離海洋較遙遠的沙漠等處。美國加州大學柏克萊分校 Omar Mwannes Yaghi 博士利用多孔性金屬有機骨架化合物（Metal-Organic Framework, MOF）製作出「水撲滿」（Water Harvester）裝置，證實可以從沙漠地區空氣中收集到較高比例的水。

美國 SOURCE 公司開發出「Hydropanel」這種面板型的裝置。尺寸約等同於太陽能板，可以架設於屋頂。面板內的吸水材質可以吸收大氣霧中所含有的水分。接著，再利用太陽熱能（Solar Thermal Energy）製作成水滴，將該水滴儲存於存水槽

中。每片面板每天最多可以產生 5 公升的水。除此之外,目前還有銷售可從空氣中製水的熱水器(Water Server)。

日本 WOTA 公司開發出即使在沒有下水道的地方,也可以使用乾淨水源的「可攜式水再生設備」。其中「WOTA BOX」是可以讓 98%的排放廢水再次利用,轉變為可用於洗澡、洗手、洗滌物品的水。設備尺寸僅比家用煤油爐稍大。此外,可安裝作為洗手臺水龍頭的「WOSH」的尺寸則是比油罐來得小。活性碳與 RO 膜總計三層濾網,透過深紫外線照射以及含氯消毒劑可以清除 99.9999%以上的細菌與病毒。

在宇宙方面,國際太空站 ISS 將從廁所回收而來的尿液蒸餾過後轉變成可用水,再將從空氣中水蒸氣獲得的水,以及使用過的水一起過濾、淨化處理後,即可作為飲用水等使用,該套水再生系統(Water Recovery System, WRS)已經開始運作。栗田工業也已在國際太空站 ISS 實際示範驗證該套可將尿液、汗水製作成飲用水的系統[※1]。

· ·

未來商業模式預測

淨水技術可用於基礎建設、災害時,或是休閒度假之用

這種淨水技術可以銷售至距離海洋較為遙遠、水資源缺乏的地區,作為一種下水道基礎建設。可用於解決沙漠地區、幾乎無人居住的地區、人跡罕見地區等的生活用水問題,應該也可以安裝、導入作為基礎建設。(日本的)設備製造商等會以海外市場

※1 栗田工業的水再生系統可以透過離子交換方式去除尿液中的鈣或鎂,以高溫高壓電解技術,分解出有機物。最後再以電透析方式,製作成飲用水。

為主進行輸出與銷售。

此外，淨水技術還可以銷售至以下市場：

○ 地方政府

銷售給地方政府，作為因應地震、海嘯等自然災害造成上水道基礎建設水源中斷的備援用水。

○ 休閒度假專用設備

銷售給基礎建設不足的露營營區等，作為盥洗、飲用水。如果能夠進一步開發出可攜式的一日淨水裝備，或許還會增加針對個人或是家庭的銷售管道。

○ 宇宙

可以設置於宇宙飯店、太空殖民地、移居月球／火星的居住設施中。美國 Gateway Foundation 公司表示在 2027 年之前宇宙飯店開張做生意的場景將得以實現，屆時淨水技術肯定是必備的技術。

技術上雖然已經確立可行，但是安裝作為政府機關或是地方政府的基礎建設時，必須檢討導入所需耗費的成本，以及與政策之間的綑綁程度。銷售至民間企業時，需考量的則是價格的問題。在建設大型製造工廠、累積海外使用實績後，持續朝向低成本化努力，才有機會更進一步導入。

淨水設備

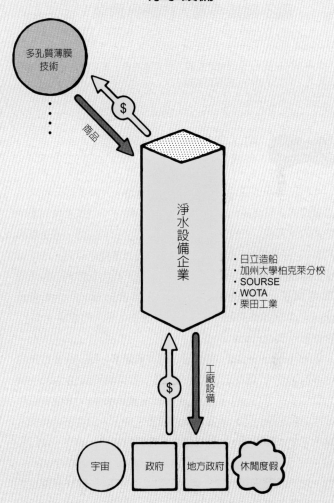

多孔質薄膜
技術

商品

$

淨水設備企業

・日立造船
・加州大學柏克萊分校
・SOURSE
・WOTA
・栗田工業

$

工廠設備

宇宙　政府　地方政府　休閒度假

21

擁有「情緒辨識 AI」，就不需要再為人際關係煩惱

　　運用情緒辨識 AI 的相關服務將大舉滲透市場，未來我們將不用再煩惱商場上、朋友之間的人際關係問題。

New Technology
AI 人工智慧未來將發展至可讀取人類的情緒

　　我們已經可以運用 AI 人臉辨識技術進行人類表情分析（不僅是單純的喜怒哀樂）。如看到某項商品時，可以從表情或是情緒的微妙差異判定該對象是真的打從心底感到有興趣，還是實際上其實並沒有那麼有興趣等。除了微妙的表情變化以外，也可以根據眼球轉動、視線、瞳孔大小等情形，判斷出無意識的情緒或是思考模式。可以透過精密且高速的攝影機（High-speed camera）掌握眼球轉動、表情上的微細變化等，再透過 AI 進行深度學習（Deep learning）[1]。

　　從 MIT Media Lab（麻省理工媒體實驗室）獨立出來的美國 Affectiva 公司[2]開發出名為「Affdex」的情緒辨識 AI 以及手機應用程式──「心 sensor」。使用該情緒辨識 AI，可以從影片或是限時動態影片中分析當事人的情緒。從三十四種臉部重點，診斷出二十一種表情、七種情緒、二種特殊指標。此外，也已經開發出使用「心 sensor」的「心 sensor for Communication」軟體。這項軟體適用於線上會議，可以使用 AI 影像辨識確認使用者的情緒／表情、手勢、臉部方向等，再將該狀態透過虛擬化

※1　深度學習，一種讓電腦學習人類行為（識別、預測聲音以及影像等）的方法。
※2　除此之外，日本 CAC 公司同樣也在進行「Automotive AI SDK」的 AI 開發。可以測量駕駛人的情緒、疲勞度、頭部角度以及計算開車時不看前方的頻率等，藉此防範事故

身頭像（avatar）顯示於畫面上。製作成虛擬化身頭像可以降低對於打開鏡頭有所抗拒的與會者心房。

除了透過影像辨識的情緒辨識 AI 以外，世界各地還有正在研發各種透過聲音的情緒辨識 AI、透過文字的情緒辨識 AI、透過生物資訊的情緒辨識 AI 等企業存在。

未來商業模式預測　**情緒辨識 AI 可以讓人際關係更有效率**

情緒辨識 AI 可以銷售至以下市場：

○ 公司業務

過去那種透過一遍遍走訪、一次次推銷以獲取業績的日本昭和式業務模式將會有所改變。因為能夠確認對方的情緒或是想法，就不需要浪費多餘時間與勞力，即可擬定策略、有效推動業務。

○ 商務會議、調節場景

就算 Covid-19 疫情告一段落，今後我們仍會持續使用線上會議。因此，只需要使用情緒辨識 AI 的軟體即可掌握、分析全體與會者的情緒與意識。再者，如果使用前述「心 sensor for Communication」，還可以透過虛擬化身頭像掌握那些關閉鏡頭者、不發言者、關閉麥克風者當下的情緒與反應。

發生於未然。再者，不僅是駕駛人，也可以即時掌握共乘者的情緒或是反應，讓車內氣氛更加舒適且安全。

○ 相親、徵才活動等

聯誼、相親、徵才活動等的主辦單位可以導入個人專屬服務。盡早得知對方對自己的想法與評價，應該能夠讓活動變得更有效率。此外，近年來手機的配對應用程式等也日益普及。即使只是在手機應用程式內互傳訊息，透過情緒辨識 AI 就可以從訊息文字間（text）掌握對方的情緒與期待。

情緒辨識 AI 領域的競爭對手並不多，目前呈現一種寡占狀態。因為這可以說是需要高度技術能力，進入門檻高的寡占市場。情緒辨識 AI 需要高度了解對方思考與情緒相關市場或是情境，而且使用情緒辨識 AI 時也必須盡量不讓對方察覺。預計要滲透至市場還需要耗費 10 ～ 20 年左右。未來應該會以手機應用程式的形式，以訂閱制方式銷售、提供企業導向的 B to B 或是個人導向的 B to C 服務。

情緒辨識 AI

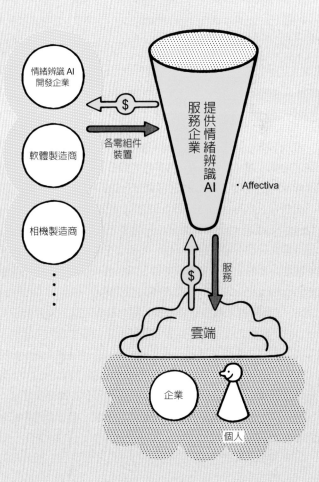

情緒辨識 AI
開發企業

軟體製造商

相機製造商

$

各需組件
裝置

提供情緒辨識 AI 服務企業

・Affectiva

$

服務

雲端

企業

個人

22 可以和寵物或是各種動物聊天！

現在我們已經可以透過科技理解寵物的心情。隨著科技持續精進，2030 年後可望實現與寵物聊天的夢想。

New Technology
可以透過 IoT 感測器以及深度學習，了解對方心情

時至 2021 年，我們還無法與寵物對話，但是已經可以掌握寵物的心情。讓 AI 人工智慧透過龐大的資訊進行機械學習或是深度學習，已經可以成功掌握住寵物的情緒特徵。

加拿大 Sylvester.ai 公司有一個新上架的手機應用程式──「Tably」。使用方法相當簡單，只需要先在智慧型手機下載手機應用程式，然後拍攝寵物（貓）。即可在寵物照片上顯示用來表示寵物心情的插圖，掌握寵物當下的心情。目前可以使用電腦視覺（computer vision）[※1] 或是貓咪苦臉量表（Feline Grimace Scale）[※2] 等指標來掌握寵物心情。將有痛苦症狀的寵物與沒有痛苦症狀的寵物的影像進行比較，就可以讓判斷指標產生差異。該手機應用程式應用在寵物貓身上後，獲得的使用者評價相當良好，例如：「可以藉此掌握嚴重皮膚過敏貓的恢復狀況」、「可以知道要給衰老貓止痛藥了」、「因此發現貓咪的關節炎症狀」等。運用手機應用程式還有可以與獸醫師連線，進行遠距看診醫療的好處。

日本電氣（NEC）使用 PLUS CYCLE（搭載 IoT 感測器的

※1 讓人類視覺可進行的工作得以自動化，讓電腦可以理解人類視覺世界的一種技術。

※2 可以使用機械學習的一種演算法，由蒙特婁大學附屬動物醫院所開發。透過①耳朵位置、②眼睛開闔情形、③鼻尖到嘴角的緊繃度、④鬍鬚位置、⑤頭部位置等五點，掌

項圈）以及 AI 人工智慧，實現掌握寵物心情的技術。在項圈上裝設加速度感測器以及氣壓感測器等，監測寵物行動，再運用 AI 根據寵物的行為舉止狀況分析寵物的心情。該分析結果會以 LINE 的訊息傳送給主人。例如：以寵物之名傳送「我想睡覺……」或是「我起床了～」等訊息，是相當特別的產品。

日本新創公司 Anicall 推出可以透過穿戴於寵物脖子上的感測器以及手機應用程式，掌握寵物的各種狀態。例如：掌握飼料攝取與咀嚼情形、溫度與溼度管理、運動量管理等。

. . . .

未來商業模式預測

不僅是寵物市場，還可以擴大至動物園

現在雖然是以寵物（犬或貓）為主要服務對象，未來預計可以擴大適用到更多的動物。這樣一來，不僅是寵物市場，還可望擴大到動物園的市場。動物園內的動物不全都是哺乳類等高等動物，飼育員當中一定有人希望能夠與負責照顧的動物建立起更進一步的信賴關係、能夠彼此溝通。

只要在動物身上安裝小型且輕量的 IoT 感測器，即可 24 小時 365 天以影像方式進行監控。預測未來透過深度學習，以及一些動物專屬的特殊表情指標，可以即時掌握動物的健康狀態與情緒。只要動物園能夠每天（或是定期）採用此服務，擁有此項科技、產品的企業即可獲取一定的收益。

握貓咪的痛點。

目前分析、理解動物心情的技術僅能夠讓人類進行單向溝通，要能夠達到雙向溝通恐怕還相當困難。另一方面，根據其他案例，由於現在已經可以透過 AI 從影像去分析寵物的心情，因此未來想要透過影片以 AI 進行即時分析，應該不會需要耗費太久時間。

　　未來學家 William Harvey 表示：「10 年以內就會出現能夠與狗說話的裝置」。預計可以在 2030 ～ 2040 年實現與狗或是貓等寵物進行對話。再者，想要實現與狗或是貓以外的其他各種動物對話，需要先透過影片進行深度學習、整理出該動物表情的專屬指標，因此還需要耗費 20 年到 30 年以上的時間，保守估計會在 2040 ～ 2050 年以後才得以實現。

和寵物聊天

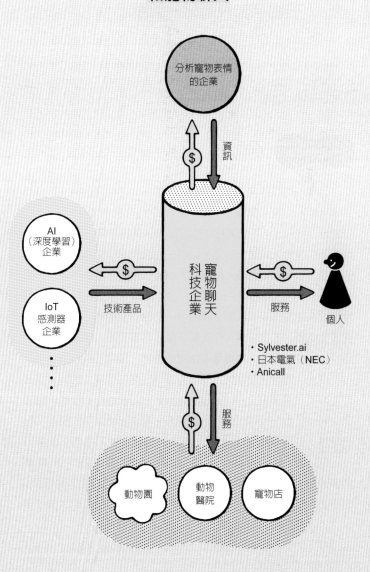

1 小時內抵達世界的任一角落！
經由宇宙飛向另一個國家

想要從日本羽田前往美國洛杉磯，搭乘飛機約需 10 個小時。然而，到了 2030 ～ 2040 年左右，1 小時內就可以飛至世界任一個角落，那樣的未來正朝著你我靠近。

New Technology 使用火箭，經由宇宙前往目的地

目前能夠前往宇宙的交通工具稱作「太空梭運輸機（可分為「火箭型」與「有翼型」二種）。太空梭運輸機（Shuttle Carrier Aircraft）可以運載物品或是人類前往宇宙，運載物品的頻率會比運載人類高出許多。目前正持續開發前往月亮或是火星的太空船—— Starship（火箭型）等，簡直就像一種「可以在 1 小時內抵達世界任一角落」的運輸機。那麼，該如何在 1 小時內前往海外呢？那就是起飛後，持續向上攀升、衝破雲層、突破大氣層、抵達宇宙；然後再下降，再次突破大氣層、降落至目的地。想要實現上述這種運輸機的概念，關鍵在於以下技術。

首先，要確保運輸機與機艙內環境安全的技術。因為，乘客們並非是受過特殊訓練的太空飛行員（太空人），而是一般民眾。有些技術已經可以幫助乘客克服引擎運作時嚴苛的震動和聲音環境，並且克服在超音速（Mach）飛行速度下所產生的重力—— G 力（gravitational force equivalent）與微重力（零重力）現象，完成安全的飛行[1]。再者，突破大氣層的技術也相當重要。因為，突破大氣層時會產生約 1,600℃ 的高溫。除了要

※1 2021 年 7 月 20 日美國企業 Blue Origin 公司幫助一位 82 歲（史上最高齡）女性民眾與 18 歲（史上最年輕）男性民眾成功完成宇宙旅行。同年 9 月 18 日 SpaceX 公司成功幫助一位裝有義肢的前癌症患者完成 3 天宇宙旅行（Inspiration4）。

有能夠承受該高溫的陶瓷和碳等材料，一定還得進一步尋求更便宜且加工更容易的材料。

然後，必須重視安全回歸、降落至地球的技術。如果是有翼型，可以像客機般著陸於飛機跑道。如果是火箭型，則需如 SpaceX「獵鷹 9 號運載火箭（Falcon 9）」的第一節機體 [※2] 般從天空中回歸，就必須妥善控制好機體狀態，以垂直於地面的方式著陸。

未來商業模式預測 從客機的商業模式衍生出更多商機

可採用類似於現有客機的商業模式。目前由太空梭運輸機製造商，如美國 SpaceX 、美國 Virgin Galactic 等企業兼任太空客機製造商。

雖然只是 1 小時以內的短暫時間，但是光是在機艙內就可以衍生出各式各樣的服務。看電影、追劇、玩遊戲等娛樂就不用說了，機艙內所提供的食物是太空食物，應該還會出現無重力體驗等與宇宙相關的商業模式吧！

在用來發射輸送機的太空站營運方面，當然也會有餐廳、商店 B to C 或是提供輸送機待機與燃料供給等 B to B 的商業模式存在。由於場域擴大到宇宙，因此還必須要有輸送機的交通管制、太空垃圾 （space debris） [※3] 監管、資訊提供、清潔企業（第 114 頁）等。

※2 SpaceX 的基礎火箭機體，即是用來發射獵鷹 9 號運載火箭（Falcon 9）的必要燃料儲存槽部位。
※3 宇宙垃圾。如使用過的衛星、發射後的火箭殘骸等。

此外，當然要使用智慧型手機的 RFID、QR Code 來取代以往的紙本機票，也可以運用人臉辨識、靜脈辨識等生物辨識方式。獲得的生物資訊除了可以進行使用者健康狀態管理，亦有助於預防太空艙劫機（宇宙版劫機）事件。當然，也可以藉此銷售相關保險商品。

那麼，如果想要搭乘這種 1 小時內即可抵達任何想去位置的夢幻級輸送機，到底要花多少錢呢？隨著大型輸送機製造據點設立、輸送機維修或是回收再利用的技術精進，可望逐步降低成本。此外，等到有較多的乘客搭乘，成本也會逐漸下降。考量這些部分，初期價格區間應該會和次軌道（suborbital）旅行 ※4 相同，從數百萬日幣到數千萬日幣不等。試營運時期，會維持在數十萬日幣到數百萬日幣的狀態，預計最終會達到與現行機票相同的收費程度。

此外，物流業界應該也會因此掀起革命。可以輸出／輸入一些原先取得困難的食材，使得飲食文化發生劇烈變化，相信一定也會出現能夠提供嶄新食材或是料理的超市與餐廳。原本在一般境內，Amazon 等公司的物流可以隔日將物品送達目的地，未來不論從世界任何一個角落都很有可能隔日就送達。

有鑑於 Starship 的開發情形，在不遠的未來，大約到 2030～2040 年左右即可實現「經由宇宙，出國旅行」的夢想。而且，隨著價格持續降低，也會逐漸普及至一般民眾。

---•---

※4　進入外太空（高度 100km），體驗約 10 分鐘的無重力感受，再回到地球的旅行。合計約 2 小時左右的短暫旅行。

縮時旅行

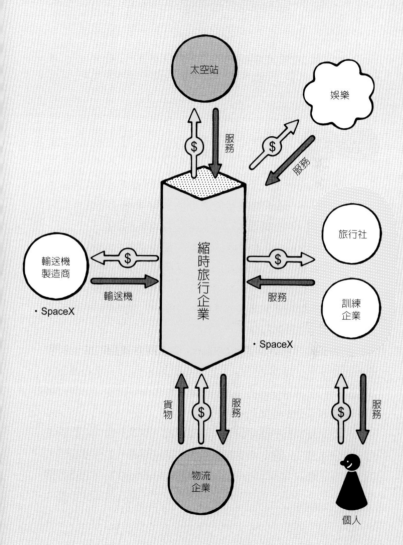

比起磁浮列車，能夠在境內更快速移動的超迴路列車！

可以用超高速方式在國境內移動的「超迴路列車」（Hyperloop）預計將於 2030 ～ 2040 年左右實現，2050 年以後規模將會變得更大。

在真空管中，以時速 1,000km 移動的列車

所謂超迴路列車，是一種可以在真空中以高速移動的列車。次世代鐵路——超迴路列車的速度比噴射客機（時速 800 ～ 900km）還快，移動時速大約可以達到 1,000km 以上。

這種次世代列車所使用的是類似磁浮列車（linear motor car）的超導體（superconductor）等技術，為一種磁浮型列車。之所以採用磁浮型，有其理由存在。假設用該速度在軌道上奔馳，車輪與軌道接觸後會產生劇烈摩擦，恐導致車輛損毀或是具有關乎人命的事故風險。

此外，為了達到時速 1,000km，必須將空氣阻力抑制到極限。如此一來，超迴路列車所行走的隧道狀空間〔又稱作真空管（tube）〕必須得要維持在真空狀態。唯有達到真空，才可以降低列車所要承受的空氣阻力。

那麼，超迴路列車可以運行到哪裡呢？基本上會與新幹線等同，在日本國內以縱、橫等形式設置，沿途經過一些主要城市。假設是在日本，就可以依國土距離設置長約 1,500km 的超迴路列車。此外，技術上除了設置長距離真空管，還必須確保該龐大

的空間內得以維持真空狀態，避免因發生地震、颱風等自然災害等而導致空氣洩漏。另一方面，乘客需要在車站內搭車與下車，所以勢必還要有非真空的加壓空間。因此，目前正不斷努力研發能夠區分管道內真空空間以及車站加壓空間的技術，讓列車能夠順暢地奔馳，乘客也能夠安全下車。目前進行超迴路列車開發的企業有美國 Virign Hyperloop、美國 Hyperloop TT、荷蘭 Delft Hyperloop、美國 MIT Hyperloop 等。

- -

未來商業模式預測 **以新幹線的商業模式為範本**

超迴路列車的商業模式可以用日本新幹線或是歐洲 TGV 等高速鐵路的商業模式來推估。

車輛製造商必須開發出即使處於真空管環境內，也不會讓空氣洩漏的加壓車輛。這個部分可以使用原本運用於國際太空站 ISS 或是太空船等確保內部空氣不會洩漏的技術。再者，為了降低空氣阻力，也必須開發出理想的流線型車體。

線路安裝／維護企業負有製造、維護管理真空管的責任。除了要設置用來確保寬廣空間內維持真空的真空裝置，還必須安裝可以發現真空洩漏的感測器。也必須設計一旦發生真空洩漏時的應急處置流程，以及長久運維的操作方式。此外，還必須要有能夠在時速約 1,000km 狀態下安全奔馳，且能夠準時到站的營運管理[1]。

※1 新幹線的運行管理系統有「九州新幹線指令系統 SIRIUS」、「東海道・山陽新幹線運行管理系統 COMTRAC」、東北・上越・長野・山形・秋田新幹線的「NEW 新幹線綜合系統 COSMOS」等，皆為日立製作所製造。

103

車內不僅設有數位廣告看板（Signage），也可以使用3D全像投影（Hologram）廣告。此外，新設立的車站及其周邊還會設有購物中心、飯店、大樓等。大樓的出租店面也會招攬企業進駐。隨著土地價格上漲，不動產都市開發業也蓬勃發展。從物流的觀點來看，也可以讓食品、物品等得以在維持高新鮮度的狀態下流通。

已有世界級研究機構報告指出從2021年開始計算，10年內超迴路列車將得以實現。然而，要能夠運行恐怕還言之過早。例如：光是想要將真空管從美國州的某一端架設至另一端（約200～300km），就需要耗費10年以上。更別說是要布建至整個美國，需要耗費更長的時間。因此，預估要能夠讓超迴路列車大規模運行，可能要到2050年以後。

高速鐵路先進國——日本正在進行建設Linear中央新幹線，預計將在2027年啟航（雖然也有計畫延遲等相關報導）。搶先開發Linear中央新幹線的日本，與世界其他國家的超迴路列車開發時間軸有很大的差異。倘若日本國內完成超迴路列車，即可在20分鐘左右從東京抵達大阪、京都。

超迴路列車

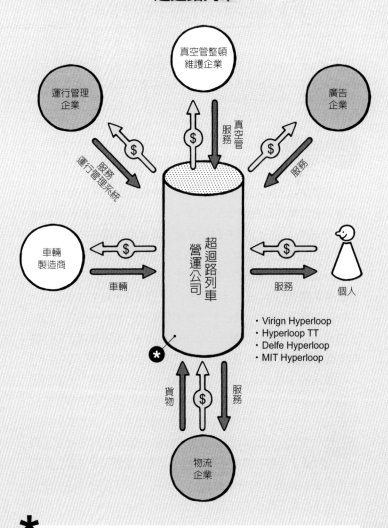

真空管整頓
維護企業

運行管理
企業

廣告
企業

真空管
服務

$

服務
運行管理系統

$

服務

車輛
製造商

$

超迴路列車
營運公司

$

個人

車輛

服務

· Virign Hyperloop
· Hyperloop TT
· Delfe Hyperloop
· MIT Hyperloop

＊

貨物

$

服務

物流
企業

105

＊

目前兼任車輛製造商

25

不僅可用於軍事，
亦具備娛樂條件的「飛行裝甲」

飛行裝甲（Jet Suit）已經開發完成。未來很快地就可以運用飛行裝甲翱翔於空中的技術作為軍事、娛樂。另一方面，想要以 B to C 方式普及至一般民眾，還需要一點時間。

可以像鋼鐵人一樣
在手腕處安裝噴射發動機後起飛

由英國 Gravity Industries[1] 公司所開發出的飛行裝甲，是一種只要穿戴即可在空中飛行的科技。飛行裝甲的噴射發動機（jet engine）分別安裝在兩個手腕、背部以及腰部，從噴射發動機噴射出熱氣流後就可以讓人浮起。這時可以調節雙手的節氣閥（throttle）控制噴射力道的強弱。接著，再利用手腕的噴射發動機來控制方向，即可自由飛行[2]。彷彿像是電影《鋼鐵人》中的動力裝甲（Power Suit）。噴射發動機的燃料為燈油，因此必須背著一個像是水肺潛水（scuba diving）用的氣瓶。飛行裝甲主體據說是用 3D 印表機印製而成。

Gravity Industries 公司也會提供飛行訓練課程[3]。剛開始使用飛行裝甲飛行時，必須先進行相關訓練。確認救命繩按鈕已安裝在飛行裝甲上，然後讓噴射發動機慢慢噴射。噴射發動機會產生巨大聲響，因此訓練時也必須穿戴附有麥克風的耳罩。再者，由於雙手手腕的噴射發動機相當沉重，習慣上會先放在固定臺後再啟動噴射發動機進行噴射。當然，也必須進行朝地面噴射、維持身體浮起狀態的訓練。

※1 2017 年成立的英國新創公司。

※2 根據媒體報導時速可達 128km，上升高度可達 3,600m。2019 年 11 月 14 日，已經可以達到時速 136.891km 的速度，因「速度最快之人體控制噴射引擎服」（body-

可依據軍事與宇宙旅行的 商業模式進行預測

飛行裝甲不僅可運用於軍事訓練，亦具備娛樂條件。

○ 軍事、防衛

可以將飛行裝甲銷售至政府軍隊、防衛隊等組織。目前荷蘭海軍特種部隊以及英國海軍已經開始採用飛行裝甲進行軍事訓練。如果飛行裝甲適用於需要在船與船之間移動的海上戰，那麼應該也可以應用於陸上戰。從中應該還會衍生出更多飛行裝甲操作相關課程或是訓練等教育商業模式。

○ 娛樂

可以銷售作為觀光地點的體驗行程或是作為主題樂園等的娛樂設施。如以目前現有的海邊降落傘活動類推，飛行裝甲有充分理由可以成為另一種娛樂活動行程。

○ 運輸工具

不可否認其作為運輸方式的可能性。報導指出飛行裝甲最遠可飛行至 1.4km，未來或許可以成為這種距離的移動工具。

「飛行裝甲」的未來商業模式可依「宇宙旅行」的商業模式進行預測。宇宙旅行必須進行事前訓練，這一點和飛行裝甲相同。為了能夠自由自在地飛行，必須要有能夠在飛行中控制好個人姿勢的肌力以及平衡感。如果是沒有足以支撐飛行裝甲重量（約 30kg）肌力的人、體重較重的人、肌力或是平衡感較差的

controlled jet-engine-powered suit），而被列入世界金氏紀錄。

※3 Gravity Industries 官方網頁上刊載著「Flight Experience」（飛行體驗）以及「Flight Training」（飛行訓練）這兩項服務。價格方面，飛行體驗每人 2,800 美元＋稅

人、傷殘人士等往往會陷入苦戰。因此，必須要有相關訓練的商業模式。

飛行裝甲目前要價昂貴[4]。所以，現階段會先以富裕階層為對象，訓練方面因為（對一般人來說）還有些許辛苦，隨著小型、輕量化、推動力、推進性能表現（specific impulse）提升等科技持續進步，未來不僅是低價化，更將成為任何人都可以簡單操作、訓練更簡化（或是不需訓練）的市場。

為了持續朝低價化努力，今後必須致力於製造據點的大型化、提升訓練技術、累積民眾在各種狀況下的飛行實績等。考量這些條件，可能需要 10 年到 20 年左右的時間，才能夠達到低價化與普及化。

（VAT）、飛行訓練每人 8,300 美元＋稅（VAT）。

[4] 過去可以在英國高級連鎖百貨公司「Selfridges」以約 5,000 萬日幣購得飛行裝甲，現在不確定是否還可於 Selfridges 購得。

飛行裝甲

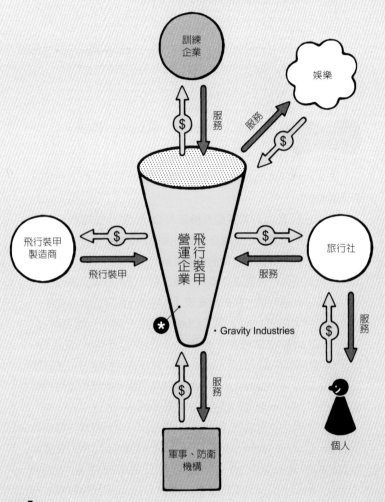

＊

有些飛行裝甲製造商會兼任訓練企業

26

不需要插座！
只要走進房間即可充電

不需要插座，也不需要充電座，未來只需要將智慧型手機放置於室內即可進行充電，預計這項技術會在 2040 年左右普及。

⬤⬤⬤⬤⬤⬤⬤⬤⬤⬤⬤⬤⬤⬤⬤⬤⬤⬤⬤⬤⬤⬤⬤⬤⬤⬤⬤⬤⬤⬤⬤⬤⬤⬤⬤

New Technology 利用紅外線雷射、電磁波、磁場，
進行無線充電

未來我們只需身處於室內即可讓裝置進行充電。以下介紹目前現有科技。

目前已經有部分智慧型手機搭載 Qi 規格[1] 的無線充電功能，「只需要放置」在充電座上即可進行充電的技術正在浸透我們的生活。雖然與無線充電的範疇有些不同，但是「只要放在房間內」就能夠進行充電這件事情從現況來看還未必能夠實現。

那麼，就讓我們一窺如何實現「只要放在房間內就能充電」的技術開發現場吧！ NTT DOCOMO 公司正在發展一種名為 Wi-Charge 的無線充電技術。只要在天花板的照明中放入 Wi-Charge 發射器模組，即可以紅外線雷射方式提供電力。在智慧型手機上安裝可以接收紅外線的發電元件（類似太陽能電池的東西），使之成為可充電的模組。供電範圍約為 4m 左右。

中國大陸的小米公司（Xiaomi）開發出次世代無線充電技術「Mi Air Charge Technology」，可以讓半徑數 m 以內的裝置進行 5W 的無線充電。5W 是一般有線充電的充電量。Mi Air Charge Technology 公司在作為集線器（hub）的充電裝置上內

※1　Qi（讀作「氣」或「chee」）是一種不須連接電線即可充電的無線充電規格。用來傳輸電力的充電盤上設有傳輸感應線圈，充電側則設有接收電力用的接收線圈。

建五個相位干涉（phase interference）天線 [※2]，用以掌握智慧型手機所處位置。接著，再使用裝有 144 根天線的相位控制陣列，利用波束成形（Beamforming） [※3] 的至高頻（Extremely high frequency）電磁波即可為智慧型手機進行無線充電。題外話，小米公司已經針對利用聲音震動轉換為電力訊號進行充電技術提出「用聲音充電的專利」。

此外，東京大學川原圭博教授等人於房間内的天花板、牆壁、地面嵌入供電器，使之產生磁場，並開發出可以讓智慧型手機等電子器材充電的「準靜態牆體共振器」（Multimode QSCR） [※4]。根據法拉第電磁感應定律，電子器材本身就是一種可以充電的模組。再者，根據磁場特性，還可以出現所謂「漂浮的裝備」。比方說，讓銀幕懸掛在室内，或是放在天花板上等。

11

未來商業模式預測　**室内無線充電必須與其他市場合作**

Wi-Charge 或是 Mi Air Charge Technology 投入市場的狀態未明。話雖如此，這種無線充電的技術仍可採取附加於下述市場產品的形式銷售，最終作為可供 B to C 的 C 所利用的商業模式。

※2 所謂相位干涉天線是，比方說如果可以接收到來自與智慧型手機電磁波相位同相的電磁波，就可以得知電磁波方向、鎖定智慧型手機位置的一種技術。
※3 調整相位控制陣列電流的相位，讓電磁波方向擁有同樣相位的技術，就可以朝該方向

○ 家電製造商

除了智慧型手機以外，只要是目前使用插座的家電（例如：電鍋、空氣清淨機等）未來皆可以無線充電。可以在照明、電視機、空調等家電上安裝無線供電器後銷售，同時也可以在電鍋或是空氣清淨機等家電上安裝受電器後銷售。

○ 住宅、不動產、咖啡廳、餐廳

附屬於建築物，或是一體成形的家電、天花板、牆壁、地板皆可嵌入供電器，如此一來即可與住宅製造商、地產開發業者等合作，並與不動產物件一同進行銷售。

○ 汽車、電車、船舶等運輸工具

導入至汽車、電車、船舶時，可以在其頂部、壁面、地面設置或是嵌入供電器。這樣一來，只要將智慧型手機放置於運輸工具內即可在行駛中進行充電。搭乘電車或船舶，也可在入座後使用手機時自動進行充電。

目前這項技術已經實現於部分產品，有些還在開發中。於房間的天花板、牆壁、地板嵌入供電器的類型，預計在 2030 ～ 2040 年左右開始導入。待規格統一或是隨著無線充電系統大型製造據點設立，而後累積導入實績，可望進一步降低成本。有鑑於此，推估可於 2030 ～ 2040 年左右讓無線充電普及至一般家庭，成為一般性的商品。

傳送出有強烈指向性的電磁波（波束成形）。
※4 必須於房間中央處設置巨大的導體棒，以及必須克服在牆壁附近充電效率較差等課題，可透過「準靜態牆體共振器」獲得解決。

無線充電

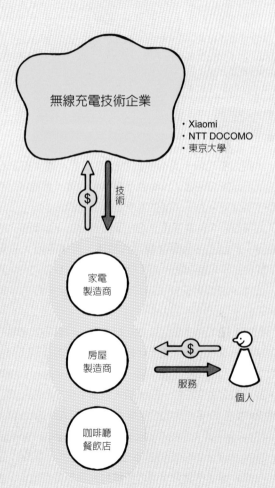

無線充電技術企業

- Xiaomi
- NTT DOCOMO
- 東京大學

$ 技術

家電製造商

房屋製造商

$ 服務 個人

咖啡廳餐飲店

清除太空垃圾
是來自宇宙的巨大商機！

　　大家都很擔心漂流在宇宙的大量太空垃圾（space debris）會衝撞到太空船。為了更安全的宇宙環境，預計到 2030 ～ 2040 年左右會有各式各樣的商業模式出現。

New Technology 用衛星清除太空垃圾，
以預防事故發生！

　　所謂太空垃圾，是指宇宙間的垃圾[1]。龐大的太空垃圾來自於使用過後的衛星、火箭以及相關碎片等。最糟糕的狀況就是隨著宇宙商機發展，增加的太空垃圾越來越多。

　　太空垃圾可能會撞擊到正在宇宙運行的人造衛星、火箭、太空船等，一旦發生撞擊就會造成故障、破壞等巨大危害[2]。截至目前為止，已經有數件與太空垃圾發生撞擊或是疑似撞擊的事件。因此，清潔與監控太空垃圾，從源頭避免發生事故至關重要。

　　那麼，該如何清除這些太空垃圾呢？目前的方法就是使用衛星。驅使一些得以控制衛星狀態、控制軌道的技術，待接近太空垃圾後，再利用機器手臂、網子、磁石等方式進行太空垃圾的捕捉，並且帶著太空垃圾一起衝破大氣層，使之燃燒殆盡。目前從事清除太空垃圾的代表企業有日本的 Astroscale、瑞士的 ClearSpace、義大利的 D-Orbit、美國的 Starfish Space 等。

　　SKY Perfect JSAT 與日本理化學研究所、JAXA、名古屋大學、九州大學合作開發出可以用雷射光照射太空垃圾，並使之改

※1　根據 JAXA 的調查目前已經發現約二萬個 10cm 以上、五十～七十萬個 1cm 以上，以及超過一億個 1mm 以上的太空垃圾。
※2　絕對要避免因為與太空垃圾發生碰撞而產生新的太空垃圾，這種連帶增加更多太空垃

變方向的「雷射剝蝕」（Laser Ablation）技術，是一種可以迫使太空垃圾穿越大氣層的概念。

此外，美國 LeoLabs 等企業會從地球透過雷達網監控太空垃圾的狀況，還會收集並且提供可能與太空垃圾衝撞的相關資訊。

雖然，目前還處於開發階段，但是已經有可以讓衛星或是火箭在任務完成後自行衝破大氣層的裝置。在人造流星（第 10 頁）技術方面頗具知名的企業—— ALE 也與 JAXA 合作開發電動纜索（Electrodynamic Tether, EDT）使相關物品得以脫離正常軌道。

未來商業模式預測

太空垃圾的商業模式將會是寡占市場！

目前用於處理太空垃圾的商業模式大致區分為：①清除太空垃圾的商業模式、②提供太空垃圾相關資訊的商業模式、③減少太空垃圾的商業模式、④解決太空垃圾所造成相關撞擊事故的商業模式等。由於這些初期至過渡期的技術門檻較高，必須具備高度專業性，因此競爭者不會一下子增加太多。

①清潔太空垃圾的商業模式，會由能夠將衛星精密地進行軌道控制以及狀態控制的「宇宙交會對接」（rendezvous docking）技術企業，以及擅長使用「機器人學」（Robotics）捕捉太空垃圾的公司處理。②提供太空垃圾相關資訊的商業模式

圾的「凱斯勒現象」（Kessler syndrome）。

是透過所有安裝在地球上的雷達網進行監控，提供並銷售具有撞擊可能性的相關資訊。③減少太空垃圾的商業模式係由可製造、銷售避免太空垃圾產生裝置的企業負責。④ 解決太空垃圾事故商業模式係由律師等人負責。目前日本國內外相關的法規制度、規則皆已備齊 [3]，但是仍必須明確判斷這些廢棄的太空垃圾是由誰所造成，以釐清相關責任。預計未來會發展成為具有約束力的法律，也會出現用以補償遭受撞擊、產生損害企業的保險商品。

擁有大型衛星的政府或是企業，都是需要委託清除太空垃圾的對象。然而，想要獲取 ①清除太空垃圾商機的企業必須考量的是一臺小型清潔衛星的開發、製造費、發射火箭的費用、使用費等，往往需要耗資數億至數十億日幣。假設一臺小型清潔衛星可以清潔一個太空垃圾，就必須先有能夠支付這個數億至數十億日幣的顧客，此商業模式才得以成立。

清除太空垃圾所使用的小型衛星會因為大量生產、開發而使製造成本下降。待累積一些清潔操作實績後，使用成本也會隨之下降，如果還能夠開發出讓一臺小型衛星可以清潔多個太空垃圾的技術，即可提升性價比（cost performance）。想要實現這項未來技術，恐怕要等到 2030 ～ 2040 年以後才會比較穩定。期待未來我們能夠擁有一個安全且具有永續性的宇宙。

※3 日本宇宙活動法中，明訂「必須採取相關措施且盡量減少人造衛星等分離時產生的碎片等」。此外，聯合國和平利用外太空委員會（United Nations Committee on the Peaceful Uses of Outer Space, COPUOS）亦有制定不具法律約束力的指導方針。

太空垃圾清潔

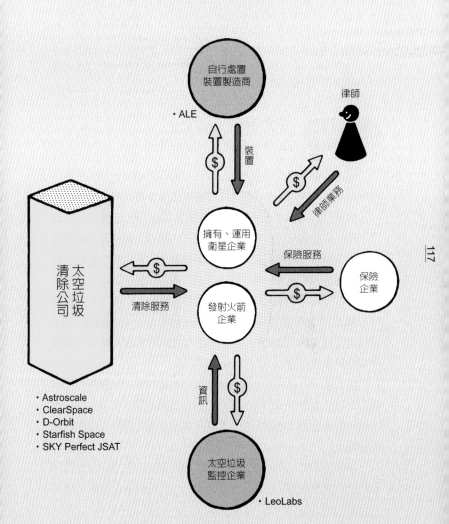

- Astroscale
- ClearSpace
- D-Orbit
- Starfish Space
- SKY Perfect JSAT

28

利用廢棄蔬菜蓋房子！

目前已經從廢棄蔬菜成功開發出一種比混凝土更堅固的建材以及發電材料。如果耐熱、耐水技術以及塑造各種形狀的技術持續發展，或許再過 10～20 年就可以進入實用化階段。

廢棄蔬菜可以製造出比混凝土更堅固的建材

根據日本政府公報官方網站，日本每年會產出 2,531 萬噸的食品廢棄物。其中，還可食用卻遭到廢棄的食物約有 600 萬噸。

儼然已經進入必須利用這些廢棄蔬菜製作出各種材料的時代。在此介紹截至目前為止的開發情形。東京大學生產技術研究所酒井雄也副教授與町田紘太研究員開發出完全來自植物的新材料。先將高麗菜外葉、橘子皮、洋蔥皮等原始食材磨成粉末狀使其冷凍乾燥後，再進行加熱壓縮即可成為新的材料[1]。這種新材料為混凝土彎曲強度（Flexural strength）（約 5MPa）的 4 倍以上，可達到 18MPa。亦可作為木材的耐水處理材料，期待未來作為各種用途。

英國蘭卡斯特大學使用廢棄蔬菜作為新材料，開發出可以大幅提升混凝土強度的技術。在新材料中加入混凝土，可以增加新材料中的矽酸鈣水合物分量，成為一種得以防止混凝土產生裂紋的結構。

英國企業 Chip[s] Board 從馬鈴薯廢棄物中製造開發出可以取代木材或是塑膠的材料「Parblex」。該材料還能夠用於眼鏡

---

[1] 加熱壓縮的溫度或是壓力雖然會受到原本利用的材料影響，但是研究發現加熱時可以讓廢棄蔬菜中的醣類軟化，且壓力會使醣類流動後填入縫隙、增加強度。

等物品的製造。

　　菲律賓馬布阿（Mapúa）大學的 Carvey Ehren Maigue 先生 [*2] 開發出從廢棄水果或是蔬菜捕捉紫外線（UV），再轉換為再生能源材料──「AuREUS」的技術。吸收紫外線，將其轉換為可視光，即可產生電力。

- -

未來商業模式預測

實現零廢棄社會、解決基礎建設的老化問題

　　由廢棄蔬菜製造出的材料可以銷售至以下市場：

○ 政府、地方政府、總承包商

　　日本方面，橋梁、建築物、道路等由國家或是公共團體所管理的基礎建設結構體，都會隨著時間持續腐蝕毀壞。不論是該設施必要進行的監管、修繕或是解體拆除，甚至是新建設都會讓地方政府的財務窘迫。目前雖然已經可以將廢棄蔬菜應用於橋梁或是建築物等，開發出超越混凝土強度的材料，但是要真正達到實用化階段還需要一點時間。如果能夠將新材料使用於基礎建設或是公共設施等處，應該會對政府或是地方政府的財政面有所助益。

○ 能源

　　菲律賓馬布阿大學從廢棄蔬菜開發出可以吸收紫外線、發電的新材料──「AuREUS」。菲律賓當地經常遇到颱風等自然災

※2　Carvey Ehren Maigue 先生獲得 James Dyson Award 2020 的永續獎（Sustainability Awards）。

119

2040　　　　　　　　*2050*

害。如果將遭受損害的農作物當作這種新材料的原始材料，應該就能夠拯救許多農民的心血。此外，這種新材料還會因為廢棄蔬菜的色素而產生各種顏色，將其貼附在大樓窗戶上除了具有可以發電的優點，還能夠美化景觀。

進行各種表面加工、處理後，其材質會變得更堅硬。另一方面，需要廢棄這種新材料時，可以透過微生物等協助分解、回歸塵土，相當環保。廢棄蔬菜聽起來或許有點俗氣，但其實是相當厲害的技術。

此新材料要達到普及階段，還需要累積導入實績，讓人們認可「這是理所當然可以使用的材料」。再加上，耐熱、耐水性以及可以製造出各種形狀的技術、量產化、低成本化皆是必要條件。考量現況，欲普及恐怕還需要 10 ～ 20 年左右。

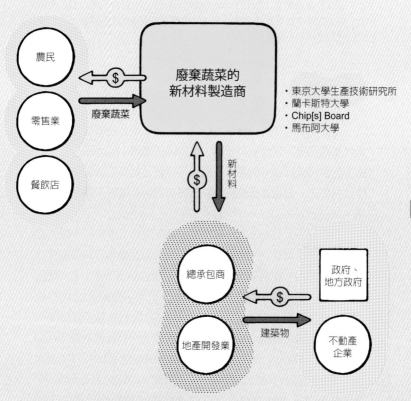

廢棄蔬菜成為新材料

農民

零售業

餐飲店

$

廢棄蔬菜

廢棄蔬菜的
新材料製造商

・東京大學生產技術研究所
・蘭卡斯特大學
・Chip[s] Board
・馬布阿大學

$

新材料

總承包商

地產開發業

建築物

政府、
地方政府

$

不動產
企業

121

利用昆蟲賽博格進行資訊收集

　　使用昆蟲賽博格（insect cyborgs）可以進入一些人類難以潛入的場所，或是進行事故等資訊收集。透過昆蟲賽博格收集而來的資訊，可以讓我們擁有更安心、安全的未來。

New Technology 　可以藉由微電腦操控昆蟲的行動

　　昆蟲賽博格是將昆蟲身體或是身體的一部分與微電腦的電子迴路系統連接，以控制其行動。彷彿像是漫畫中的人造人，將活生生的昆蟲進行部分改造，並且進行操控。我們可以先不用去想像那個畫面。昆蟲賽博格的優點在於小型且低成本，適合大量生產。

　　日本 LESS TECH 公司開發出昆蟲賽博格。根據預先輸入昆蟲賽博格內的演算法，昆蟲賽博格可以自動避開和穿越障礙物並移動至目的地。昆蟲賽博格還可以沿著預先設定好的 S 形或是 8 字形移動，並且停留在某個規定的區域，亦可使用操縱桿 ※1 進行遠距操作等指令輸入。此外，能夠用約 10cm/s 的速度動作。

　　昆蟲賽博格亦有助於尋人等搜救工作。可以在昆蟲賽博格身上搭載紅外線相機（IR 感測器）、檢測現場體溫狀態，再用 AI 人工智慧判別該檢測出的體溫是否為人類。如果判定為人類，即會發出警報、請求救援。昆蟲賽博格的相機搜索範圍為半徑 1.2m 左右，這樣的範圍絕對稱不上足夠大。比方說，1 臺昆蟲賽博格要搜索 $5km^2$ ※2 範圍必須耗費 242 天。但是，反過來說

※1　藉由歪斜搖桿以操作、控制方向的裝置。
※2　2016 年發生熊本地震（芮氏規模 7.3）時，行蹤不明者的搜索範圍為 $5km^2$。

如果投入 242 臺昆蟲賽博格，就可以在 1 天內搜索完畢。

　　除了日本之外，目前美國 Draper 公司[*3]、美國加州大學柏克萊分校等都有進行昆蟲賽博格的研究開發。

・・・・・・・・・・・・・・・・・・・・・・・・・・・・・・・・・・・・・・・

未來商業模式預測

可運用於人命救援、保全工作！甚至也祕密活躍於軍事用途！

　　昆蟲賽博格預計可以銷售至以下市場：

○ 軍事、資訊機構

　　昆蟲賽博格內裝有微電腦，外觀看起來與一般昆蟲無異。銷售至政府的國防機構或是資訊機構，可運用於取得預防犯罪相關資訊；軍事方面可應用於敵軍陣營偵察或是攻擊等。或許會成為一種具有隱身特技的最強軍事科技。此外，一些因道路中斷、無法進入的地點也可以利用昆蟲賽博格掌握詳細的受災狀況。

○ 地方政府

　　向地方政府銷售昆蟲賽博格，可應用於颱風、地震、海嘯等受災地區行蹤不明者的搜救行動。

○ 偵探、信調公司

　　可以使用昆蟲賽博格進行出軌調查、尋人、身家調查等委託案的資訊收集。不需要讓偵探尾隨或是埋伏等，就可以讓業務更有效率。

123

※3 Draper 公司變換蜻蜓的神經系統遺傳基因組合，開發出可以對光脈衝（pulse）有反應的方法。

○ 遺失物搜尋

讓遺失物等搜尋服務業務化。今後，隨著 IoT 感測器、GPS 更進一步小型化、輕量化，以提升 GPS 的位置資訊精準度。搭配這些資訊再使用昆蟲賽博格，可以讓遺失物的搜尋變得沒有那麼困難。

○ 昆蟲或是動植物的生態調查

或許也可以運用在昆蟲或是動植物的生態調查。可以將昆蟲賽博格銷售至大學或是研究機構，以進行昆蟲、動物行為、生態棲息地、食物等相關調查。此外，也可以幫助在人員難以進入的地點進行相關調查。

銷售予一般民眾可能會有成為犯罪溫床的風險，給人一種門檻較高的感覺。恐怕還必須檢討法規制度、專利制度等各種規則制度。時至 2021 年，昆蟲賽博格已經開始進行實驗室等級的示範運行實驗。今後，如果規模擴大並且與國家或是地方政府開始進行共同研究，預計在 2030 年代後半期即可運用於前述市場。

昆蟲賽博格

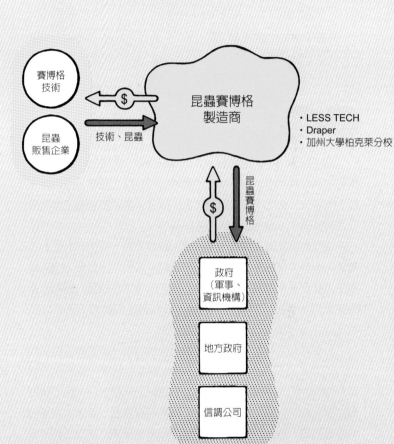

賽博格
技術

$ ←

昆蟲賽博格
製造商

・LESS TECH
・Draper
・加州大學柏克萊分校

昆蟲
販售企業

技術、昆蟲 →

昆蟲賽博格

$ ↑

政府
（軍事、
資訊機構）

地方政府

信調公司

30

透過超低頻音感測網
發出緊急「海嘯」速報

就像發布緊急地震速報一樣，2030 ～ 2040 年以後，與海嘯相關的正確資訊將會以速報方式傳遞至日本全國。

New Technology

用人類聽不到的音頻
預測海嘯即將到來

藉由檢測出「超低頻音」（Infrasound）來預測海嘯大小規模等技術已經問世。東日本大地震時曾引發巨大海嘯，並且帶來巨大的傷害。因此得知這項科技後，研究人員就思考著如何能夠在海嘯抵達前，盡可能讓更多人知道……。

超低頻音又稱次聲波，是一種人類聽不到，或是難以聽到的聲音。引發災害的自然現象，往往是劇烈且巨大的變動，通常會產生超低頻音。越是巨大的物體，越會因為物體的壓力震動而產生更低頻的聲音。聲音越是低頻，越具有能夠傳遞至遠方的特性。

日本高知工科大學山本真行教授與檢測儀、音響機器製造商 —— SAYA 公司共同開發出超低頻音海嘯感測器。這是全世界第一個特別針對海嘯所開發出的超低頻音感測器 ※1。超低頻音海嘯感測器可以同時測量因為人工噪音或是震動、氣象所產生的氣壓變動等，藉此區別海嘯所發出的超低頻音與海嘯以外現象所發出的聲音。超低頻音海嘯感測器厲害的地方在於當超低頻音進入感測器的瞬間，就可以從該波形鎖定發生海嘯時的海面變動高

※1　超低頻音海嘯感測器的小型版本已搭載於火箭上。目的是用來測量在空氣較稀薄的高層大氣中，聲音的傳遞方式。目前搭載該感測器的火箭為日本星際科技公司（Interstellar Technologies Inc.）堀江貴文所出資的 MOMO2 號、3 號。MOMO3 號

度以及平均能量，即可以相當高的精準度計算出「海嘯規模」。

在日本各地安裝這種超低頻音海嘯感測器、建構超低頻音觀測網，即可發出「海嘯版」的緊急地震速報，並且以最快的速度將海嘯相關資訊發送給民眾。

· ·

未來商業模式預測

「海嘯版」的緊急地震速報

超低頻音海嘯感測器所提供的資訊，會與現有的緊急地震速報形式相同。

緊急地震速報 [*2] 會在地震發生後立即預測各地的強烈搖晃抵達時間以及震度，並且希望能夠盡快將資訊發布出去。民眾就可以聽到電視或是智慧型手機發出警報鳴響，以及緊急地震速報的聲音。這個緊急地震速報是根據安裝於全國各地的地震儀資訊，由氣象廳自動計算出震源、規模、預測震度等，再將相關資訊傳送至電視、廣播、智慧型手機等。目的是在強烈搖晃之前，讓民眾得以預先保護自己的身體，或是預先讓列車降速等進行一些因應措施。

前述山本教授正著手建構海嘯的超低頻音觀測網。截至2021 年，已在日本高知縣沿岸附近的十五個地點設置超低頻音海嘯感測器。除了高知縣以外亦將範圍擴大，於北海道到九州共十五個地點設置同樣的感測器，因此目前共計有三十個地點設置該感測器。上述僅是高知工科大學所建構的觀測網，但是其他進

機曾在抵達高度 113.4km 時，透過超低頻音感測器成功取得平流層上方至增溫層下方的數據。

※2　地震波分為 P 波（Primary「首次」）與 S 波（Secondary「第二次」）。P 波的特色

　　　　　　　　　　　　　　2050

行超低頻音觀測的研究機構以及大學亦共同規劃成立「超低頻音觀測聯盟」，這些觀測地點加起來在日本國內約有一百個地點。

在緊急地震速報方面，氣象局於日本全國各地設置約有六百九十個地震儀、震度計，再加上由國立研究開發法人防災科學技術研究所的地震觀測網（約一千個地點），加總起來有一千六百九十個地點的地震儀可供使用。海嘯的超低頻音觀測網應與緊急地震速報的安裝規模相同（但主要為進行海嘯相關測量，可以先不考慮如地震的規模等級），還必須考量經費預算問題，預計到 2030 ～ 2040 年比較有機會啟用。由於需要大規模的基礎建設，因此管轄機關會由氣象廳等國家級的政府單位主導。當然，也必須與研究機構合作。此外，還必須設計與緊急地震速報不同的警報聲音。

日本是世界上地震最頻繁的地區之一，今後也可能再發生大地震、遭受海嘯的危害威脅。這個超低頻音海嘯感測器是可以守護日本人民性命、財產，甚至是守護全世界的重要基礎建設。

是傳遞速度會比 S 波來得快。另一方面，強烈搖晃之所以會造成危害，主要是因為後面才傳來的 S 波。我們可以利用這種地震波的傳遞速度落差，在檢測到先傳來的 P 波時，快速地趕在 S 波抵達之前發出速報。

超低頻音海嘯感測器

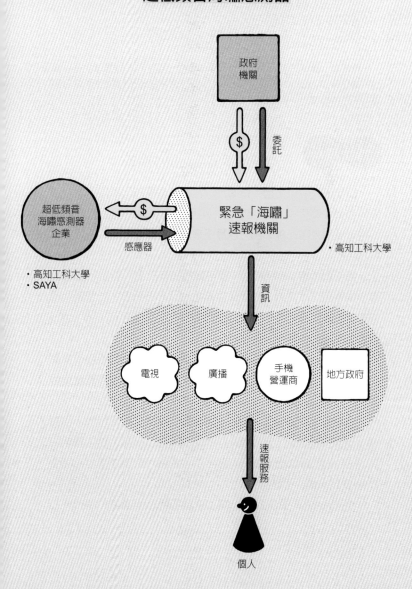

透過衛星從宇宙投放廣告

　　廣告是一種讓民眾透過紙本、海報、看板、TV、網路等管道，得以鎮日欣賞的東西。2030～2040 年以後，或許還可以透過翱翔在宇宙的衛星於夜空中投放出巨幅廣告。

透過宇宙衛星，可以在地球的夜空投放廣告

　　目前已有使用小型人造衛星，在夜空中投放出廣告的科技。先將數個小型衛星發射至宇宙，再利用衛星太陽帆上的明亮面（用來反射太陽光線）部分以及不會反射的部分，以文字等形式投放出來。

　　將衛星角度迴轉 90 度，即可調整有無反射。要做到這種地步必須要有可以控制環繞地球的衛星群狀態與軌道、能夠讓衛星依規定正確排列的技術。投放出來的廣告，不僅要有文字，也有可能會是複雜的影像。

　　如前所述，為了讓廣告能夠清楚投影，關鍵在於不能夠受到其他各個衛星或是衛星群體擾亂，必須能夠正確控制以及維持好衛星的狀態與軌道。

　　俄羅斯宇宙新創公司 StartRocket 的構想是準備將數十到百顆小型衛星投放到宇宙空間內，再打開安裝於衛星上的太陽帆，將文字或是文章投影到天空中，以提供「軌道投影」（The Orbital Display）服務。

　　StartRocket 先在大型火箭上搭載數顆小型衛星，而後一口

氣發射到宇宙，目前已清楚公開將衛星釋放到外太空的形象影片，並且具體秀出衛星群形成的樣貌。

- -

未來商業模式預測
可以用廣告氣球或是煙火等商業模式來推估這種全球版廣告的商業模式

衛星廣告商業模式與廣告氣球（advertising balloon）[1] 的商業模式具其相似性。看板或是電視廣告通常是由知名人士或是卡通人物等拍攝約 1 分鐘的影片，針對觀賞該影片的對象投放廣告。另一方面，廣告氣球主要是以文字或是圖像顯示，係以在室外的人為對象投放廣告。衛星廣告也一樣是受到企業委託，僅以文字或是圖像方式顯示於夜空，目標對象就是身處於室外的人們。雖然也會受到衛星數量影響，但是一天播放三至四個企業廣告還是可行的。此外，就算不是廣告，也可以讓國家或是地方政府需要向眾人發布緊急狀態、災害訊息時使用；或是有助於向民眾公告行蹤不明者或是通緝犯的資訊。

還有一種商業模式是類似於煙火的商業模式。我們已經談論過廣告的部分，但是該技術還具有可當作煙火般的娛樂用途。在夜空浮現文字或是影像，是否又美又有魅力呢！比方說，可以在棒球場的夜晚上空顯示「全壘打」等文字，或是在主題樂園投影出卡通人物的影像。

此外，夜空中的文字或是影像或許也可以打造出一幅浪漫的場景。比方說，想要來一場驚喜的求婚時，就可以顯示對方名字

131

※1 現在的年輕人或許沒有看過廣告氣球。以往一些地方超市或是百貨公司經常會在大樓屋頂上懸掛大型氣球，並且在該氣球下方的布幕打上廣告，可以說是以「街道」為對象推播的廣告。

以及求婚相關內容。

　　在此想要特別提醒大家的部分是，為了清晰地顯示文字和圖像，還需要一種能夠以高精準度控制衛星軌道和狀態的技術。然而，截至 2021 年，小型衛星專用的狀態控制或是軌道控制用的感測器等都還在研發初期階段。此外，還必須解決光害問題 [2]。這些預計還要耗費 10 ～ 20 年左右。

　　初期以及過渡時期，會先以企業導向的廣告為主要應用方式，最終期望達到一般民眾能夠輕鬆消費的價格。在那之前必須要能夠大量生產廣告用的衛星、累積衛星運用實績與技術 Know How 等。此外，在累積各式各樣文字或是影像顯示 Know How 方面，也還需要 10 ～ 20 年左右，才有機會降低運用成本。不論如何，要能夠讓衛星廣告的商業模式達到一般民眾可以運用的狀態，預計要到 2030 ～ 2040 年以後。

---

　[2]　在夜空中投放廣告，會影響從地面上進行的天文觀測活動。在天文學者方面出現一些擔心的聲浪。因此，還必須研究如何讓衛星變黑，成為不會反射太陽光的結構體等課題。

衛星廣告

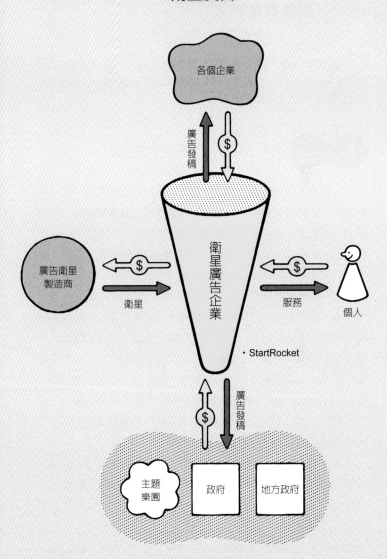

各個企業

廣告發稿

$

衛星廣告企業

廣告衛星
製造商

$

衛星

$

服務

個人

・StartRocket

$

廣告發稿

主題
樂園

政府

地方政府

133

32

用 TDI 控制夢境，隨意做美夢

　　大概再過 10 ～ 20 年我們就能夠完全控制夢境，自由夢到想要夢見的內容。這項科技可以投入健康照護、運動訓練、娛樂等市場，如果更進一步低價化，即可普及至一般民眾。

New Technology 用 TDI 控制想要夢到的內容

　　正常來說，我們無法隨意夢到自己想要夢見的內容、無法控制夢境[1]。然而，MIT Media Lab（麻省理工媒體實驗室）卻開發出了能夠讓人夢到自己想夢見內容的科技──「TDI（Targeted Dream Incubation）」。這技術彷彿像是哆啦 A 夢的道具「夢中人」。

　　TDI 是將一種稱作「Dormio」的可穿戴裝置穿戴於手腕以及手指，再使用手機應用程式，誘導使用者夢見自己想夢見的內容。準備入眠時反覆傳送與該夢境相關的資訊，即可引導進入特定主題的夢境。Dormio 內建的 IoT 感測器可以監控心律數與手指位置等，以掌握使用者的睡眠狀態。MIT Media Lab 表示進行催眠（Hypnagogia）要在準備進入睡眠、使用者意識還有一半是清醒的狀態下，對使用者傳遞想要呈現的夢境資訊，即可將該資訊直接嵌入夢中。

　　時至 2021 年，已經有誘導受測者夢見「樹木之夢」的實驗成果報告。以 Dormio 檢測受測者的心律數以及皮膚電活動（Electrodermal Activity, EDA）變化、放鬆狀態，確認受測者

※1　快速動眼期的睡眠較淺、非快速動眼期（non-REM, NREM）則是睡眠較深沉的狀態。平均快速動眼期與非快速動眼期的一個循環大約會在 90 分鐘內交互出現。假設睡眠時間為 6 ～ 8 小時，那麼就會有四次到五次的快速動眼期與非快速動眼期。清醒後仍能

134

是否進入睡眠、進入催眠狀態。利用手機應用程式對受測者重複播放「請別忘記思考樹木相關的事情」以及「請別忘記觀察你的想法」等內容的音檔。如此一來，有67%的受測者會夢到與樹木相關的內容。

- -

美夢商業模式可以投入在精神健康照護、運動訓練、娛樂方面

使用這種可以夢到自己想夢見內容的科技，可以在精神健康照護、運動訓練、娛樂等領域創造出新的商業模式。

○ 精神健康照護

人類作夢所能帶來的效果如下：

・療癒心靈
・處理因壓力所造成的情緒或是喪失自信的情緒
・稀釋負面情緒
・整理零散的記憶
・將必要的重要事件移至長期記憶
・稀釋創傷後壓力症候群的記憶等

如果可以夢到自己想作的夢，可能可以提升上述效果，還可以藉此提高睡眠品質、恢復疲勞、治療精神疾病等。此外，亦有助於控制情緒、提升記憶力等。

135

---------------------------•---------------------------

記得的夢，據說通常是在快要起床前、快速動眼期時所夢見的夢境。

○ 運動訓練

可以在夢中模擬體驗不允許失敗的重要發表會、運動賽事、奧林匹克等的氣氛。（在夢中）重現實際的緊張感或是氛圍狀態，如果可以進行這種意識上的運動訓練，真正上場時會更有機會成功吧！

○ 娛樂

我們可以在夢中體驗到一些在現實生活中不可能從事的事物、能力不可及的事情，都可以用「看」的方式來體驗。例如：與名人一起生活、飛翔在宇宙、在水中生活、籃球比賽扣籃（dunk shot）……，建立一種讓人可以在夢中實現願望的娛樂商業模式。

2021 年時，已實現「樹木之夢」的相關研究。目前還不確定需要耗費多久時間才能夠完全控制所有夢境，恐怕還是需要 10 ～ 20 年左右的時間。剛開始會先投入 B to B 的市場，之後，隨著低價化再普及至一般家庭。

夢境控制裝置

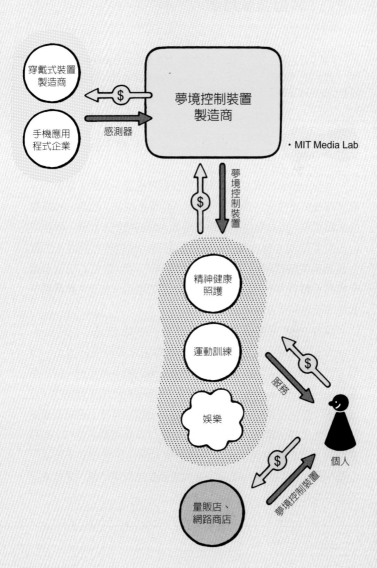

穿戴式裝置製造商

$

手機應用程式企業

感測器

夢境控制裝置製造商

• MIT Media Lab

$

夢境控制裝置

精神健康照護

運動訓練

娛樂

服務

$

個人

$

夢境控制裝置

量販店、網路商店

137

33
低成本、對環境友善的
新型製氨方法

　　「氨」是人類生活不可或缺的物質，其生產方法持續在改變。可以運用一些對環境友善的生產方法，例如：以殘渣或是細菌等方式，未來可望成為一般性的普遍作法而大規模商用化。

New Technology　從食品廢棄物「殘渣」產生氨

　　很多人聽到「氨」，印象中只會覺得很臭。然而，事實上，氨是作為食品材料必要且不可或缺的化學合成品。也是一種重要的肥料原料，因此氨可以說是支撐著人類的發展。此外，氨也可以用於尼龍和人造絲等合成纖維的製造。全世界約有 8 成的氨生產量用於製造肥料，約 2 成用於工業。可以說氨的出現是用來協助人類的也不為過。再者，氨即使燃燒也只會產生水與氮，對地球而言非常友善。

　　以往如果想要產生氨，都是利用「哈伯法」（Haber–Bosch process）這種讓氫氣與氮氣發生化學反應的方法。然而，近年來出現了用以取代、對環境友善的氨製造方法。日本京都大學植田充美教授等人成功打造出可以從食品加工廢棄物「殘渣」等大量生產氨的工廠。大豆殘渣可以說是世界上最常被廢棄的食品加工物。過去，這些殘渣雖然可以作為家畜的飼料，但是若埋入土壤內則會因為微生物而產生 CO_2，對環境並不友善。但是，現在卻可以利用那些殘渣大量產生出有用的氨，是非常了不起的技術。

美國 Pivot Bio 公司將四十種微生物直接放在玉米根部，再將空氣中所產生的氮埋入土壤，而後成功產生氨。藉由微生物所產生的氨可以成為土壤中的肥料。這種微生物被命名為「Pivot Bio Proven 40」。工廠製造的一般化學肥料往往會因為下雨等原因而流失，這種會產生氨的微生物優點是會停留在植物上，不會因為水分等而流失。

　　也可以利用太陽光發電廠取得的電力將水進行電解，獲得的氫氣與空氣中的氮氣也可以合成氨 [1]。Tsubame BHB 公司運用寮國的剩餘水力發電合成氨，並且使用當地礦山的磷和鉀從事肥料生產。

未來商業模式預測 氨可以成為發電的燃料

　　未來，氨除了可以作為肥料原料、食品、衣服原料外，還可以銷售至以下市場：

○ 發電
　　氨製造業者可以將氨作為發電燃料，銷售給發電業者。日本產業技術綜合研究所等已開發出可以直接燃燒氨的微氣渦輪（Micro Gas Turbine, MGT）發電技術。

※1 日本產業技術綜合研究所福島再生能源研究所、新創公司 Tsubame BHB、美國 Starfire Energy 等皆以相同手法進行氨的合成製造，以解決哈伯法未解的課題，目標是要達到商業化階段。

○ 船舶、飛機

開發出可以直接使用氨作為燃料的船舶或是飛機用引擎。如英國的宇宙新創公司——Reaction Engines 搭載混合動力引擎（Hybrid Engine）SABRE 的次世代輸送機，就是計畫要以氨作為燃料。

○ 燃料電池

京都大學等也有在研究氨燃料電池。其原理是將作為發電燃料的氨氣直接供應到裝有電解質二氧化鋯的燃料電極，並將空氣供應至另一側的空氣電極，使之在兩個電極之間產生電力。

哈伯法問世後歷經數百年，氨的製造方法仍沒有太大的進展。哈伯法需要大型且高成本的設備，還必須考量從生產據點至需要地點的輸送以及保管問題，相當耗費成本。然而，新的氨製造方法預計可以大幅降低成本。然而這些新方法欲發展達到工業生產規模，還需要 10 ～ 20 年左右。

製氨

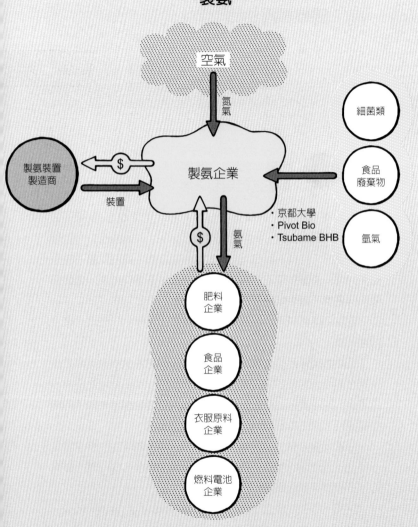

空氣

氮氣

細菌類

製氨企業

食品廢棄物

製氨裝置製造商

$

裝置

氫氣

・京都大學
・Pivot Bio
・Tsubame BHB

$

氨氣

肥料企業

食品企業

衣服原料企業

燃料電池企業

141

34

利用自我修復材料，
輕鬆修理物品！

時至 2021 年，自我修復材料已經分別處於多種發展階段，有些還在研究當中，有些已經進入商業化階段，並且逐漸滲透至市場，或許無法達到百分之百，但是預計未來將會開發出更多的自我修復材料，並且進入商業化。

New Technology 金屬、陶瓷、混凝土、玻璃、聚合物
都能進行自我修復

自我修復材料，亦稱自主修復材料，英文是 Self-healing Material。被當作是一種智慧型材料（smart materials），即使該材料受損，材料本身即可自發性地修復損傷，簡直就是一種夢幻級的材料。優點是不容易劣化、壽命長、不需要維護。如果是微小的傷痕，還可以隨著時間逐漸消失。

自我修復材料可大致分為金屬、陶瓷、混凝土、玻璃、聚合物等五種。

金屬的部分目前還處於研究階段。早稻田大學岩瀨英治教授使用金屬奈米粒子的電場捕獲（electric field trapping）技術，成功做出即使纜線上有龜裂情形，也可以透過金屬奈米粒子的電場捕獲原理藉由電壓自我修復龜裂的金屬纜線。

日本物質、材料研究機構（NIMS）與橫濱國立大學等開發出可以自我修復的陶瓷。只要將這種陶瓷加熱至 1,000 度，僅需約 1 分鐘即可完成修復。

荷蘭台夫特理工大學（Delft University of Technology）

Jonkyes 博士藉由水與氧氣開發出一種可以通過活化細菌產生碳酸鈣，進行自我修復混凝土裂縫的技術。目前已經進入商業化階段。

東京大學相田卓三教授等人開發出世界第一片具有自我修復功能的玻璃。該種玻璃是由一種稱作聚醚硫磺酸的聚合物材料製成。破損後只需要在室溫放置數小時，即可修復到與破損前相同的機械強度。接下來將進入商業化階段。

在聚合物的領域，日本理化學研究所開發出不論在乾燥空氣、水中、酸性或鹼性水溶液等環境中皆可進行自我修復的材料。TORAY 的「Tough top®」自我修復薄膜（Coated films）已進入商業化階段、Yushiro 化學工業的自我修復性聚合物凝膠「魔法彈性體」（Wizard Elastomer）[※1]也正準備進入商業化階段。

・・・・・・・・・・・・・・・・・・・・・・・・・・・・・・・・・

未來商業模式預測　　可活躍於基礎建設、住宅、宇宙！

我們無法在此一次講完所有的材料，因為目前已經有各式各樣的材料被開發作為自我修復材料，有些或許已經進入商業化。自我修復材料可以運用的市場、情境可謂無限大。

○ 基礎建設

可以應用於基礎建設的維護管理。當道路、橋梁、上下水道

※1　彈性體是富有彈性的高分子聚合物總稱，近似於橡膠等物質。

管線、城市瓦斯管線發生任何缺損時，都可以進行自我修復、降低維護管理費用。除此之外，還可用以維持火力發電廠、核能發電廠等發電設備的材料品質，修復輸電用的金屬電線等。公共設施或是大樓牆壁、玻璃等，也都是可使用的對象。

○ 住宅、生活

在生活情境方面，可以用於維持住宅牆壁、玻璃、廚房、浴室、廁所等。此外，亦可用於汽車、機車、腳踏車的車體、玻璃、輪胎等。

○ 宇宙

為了因應火箭或是人造衛星等在宇宙空間內遭受太空垃圾撞擊，即使材料遭到貫穿，由 NASA 開發出的自我修復材料也可以在 1 秒左右從材料內部釋放出液狀物質，塞住孔洞，達到修復目的。除了火箭或是人造衛星，未來可期待應用在宇宙飯店、太空殖民地、月球表面基地等居住空間的牆壁、玻璃、水電配管等各種使用情境。

時至 2021 年，已經有各式各樣的自我修復材料開始從研究階段進入商品化階段。雖然並非全世界的材料都能夠成為自我修復材料，但是預計將來會有許多自我修復材料被開發出來，並且商品化、逐步滲透至市場。藉由自我修復功能，除了可以提升安全性、信賴感，還可以降低維修成本。

自我修復材料

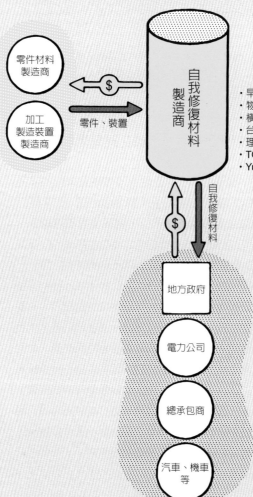

零件材料製造商

加工製造裝置製造商

零件、裝置

自我修復材料製造商

・早稻田大學
・物質、材料研究機構（NIMS）
・橫濱國立大學
・台夫特理工大學
・理化學研究所
・TORAY
・Yushiro化學工業

自我修復材料

地方政府

電力公司

總承包商

汽車、機車等

35

利用腦機介面改變我們的對話方式

因疾病等問題難以與他人溝通對話時,只需要穿戴腦機介面(brain-computer interface, BCI),即可順暢地表達個人意思。

· ·

New Technology 用感測器抓取腦波後,再轉變為文字

腦機介面(以下簡稱 BCI)[1] 恐怕會改變你我未來的溝通模式。只要穿戴 BCI 這種裝置,即可抓取腦波以及神經元(neuron)(來自腦神經細胞的訊號),就算沒有鍵盤輸入、沒有語音輸入,也可以利用遠端操作的方式將腦中所想的內容文字化。BCI 當中分為直接植入大腦的類型以及外部穿戴的類型。

SpaceX 的伊隆‧馬斯克(Elon Musk)為 Neuralink 的創辦人之一,該公司正在開發 BCI。該公司欲開發的是植入大腦型 BCI。必須要備妥慣性感測器、壓力感測器、溫度感測器,以及可以持續一整天的電池。為了增加來自大腦的神經訊號量,並且予以捕捉,BCI 內建的類比訊號 / 數位變換器可以協助將神經訊號數位化。數位化的資訊可以改為文字或是以視覺等方式表現。在真正植入人體之前,還需要獲得監管機構的批准才能夠進行臨床試驗。也可以透過電射的方式在顱骨上開一個小孔,然後插入電極。目前,手術專用的機械手臂也還在開發當中。

· ※1 根據 Report Ocean 的資料顯示,全球 BCI 市場規模於 2019 年達到 13.6 億美元。至 2027 年為止預計將達到 38.5 億美元,2020 年至 2027 年之年均複合成長率(CAGR)將成長 14.3%。

BCI 將會掀起一場溝通革命

開發 BCI 的企業可以將技術銷售至以下市場：

○ **醫療、照護**

　　BCI 可以在醫療領域中，作為腦性麻痺患者或是肌萎縮性脊髓側索硬化症（ALS）等患者的溝通工具。

　　在照護領域中，則可作為讀取肢體不便者意思的照護計畫（care plan）。事實上，目前 Meta（原 Facebook）正在與 UCSF（加州大學舊金山分校）進行一項名為「語言神經科技輔具」（Speech Neuroprosthesis）的 BCI 開發工程。

○ **汽車**

　　開發 BCI 的企業也可與汽車製造商合作。梅賽德斯─賓士（Mercedes-Benz）使用 Meta 公司的 BCI 開發出可利用腦波駕駛的汽車「VISION AVTR」。駕駛只需要將 BCI 戴在頭上，即可測量、解析腦波。使用者介面是可以用自己的思考控制、選擇目的地以及開啟或是關閉車內照明、選擇廣播電臺等。此外，據說也可以用腦波駕駛汽車。

○ **家電**

　　穿戴 BCI，除了可以開關空調，也可以進行溫度設定等各種操作，讓家電變得可以遠端遙控。

147

○ 企業

在商務情境下，我們可以在談話猶豫不決的情況下，（穿戴BCI）進行一場「無聲會議」。使用智慧型手機或是線上會議時或許也可以開一場無聲會議，也能夠實現一人即時完成多重工作的「模控（cybernetics）、虛擬化身頭像」世界。

○ 娛樂

在娛樂領域，可以設計出一些能夠讓使用者即時思考反應的XR（cross reality；延展實境）遊戲。

截至 2021 年為止，已經出現可以用腦波高速處理語言或是想像的內容，使其可視化等技術。然而，想要達到普及恐怕還需要耗費 10 ～ 20 年左右。同時讓智慧裝置（智慧型手機或是眼鏡型探測器、可穿戴裝置等）與汽車、堆高機叉車等進行機械領域的合作，也能夠提升資訊的應用強度。

此外，雖然已經開發出可以在頭蓋骨上打洞後埋入 BCI 的手術機器人，但是在確認其安全性之前，恐怕還需要耗費一些時間。

BCI

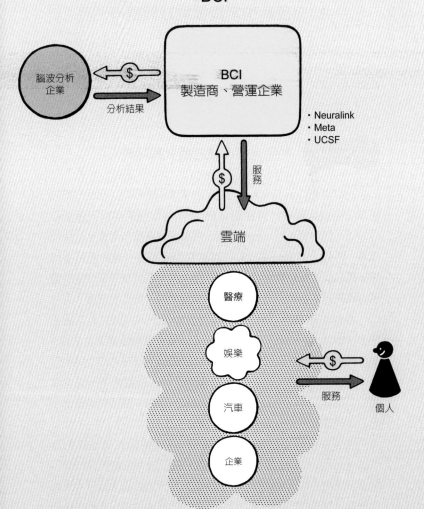

2040   2050

36

利用衛星打造「人造月亮」，
即使夜晚也能夠把地球照耀得明亮

我們可以利用衛星打造出「人造月亮」。從宇宙照耀地球，可以降低電費以及方便進行夜間搜索工作。

New Technology 利用人造衛星打造人造月亮

利用衛星打造出「人造月亮」的未來即將到來。在此介紹該構想。中國大陸曾計畫要在 2020 年前發射照明用的人造衛星——「人造月亮」[※1]。目的是要取代街燈照亮城市街道，以降低電費。而後，並沒有再針對該計畫有相關發表或是新聞報導出現，因此詳細發展情形並不明朗，但是未來該計畫或是類似計畫在中國大陸或是再由其他國家、企業提出的可能性相當高。

因為必須經常照亮地面，很可能必須先將衛星投入地球靜止軌道（Geostationary Orbit, GEO）[※2]。在衛星表面塗裝反射膜，使其反射太陽光後照射至地球表面。該衛星可以在地球上照亮直徑 80km[※3] 的區塊。此外，如果是在數十 m 的範圍內，還可以控制明暗程度。與真正的月亮一起照耀大地時，甚至可能會比平常的夜晚還要明亮 8 倍。

除了地球靜止軌道之外，也可以將衛星投入低地球軌道（Low Earth Orbit, LEO）[※4]。這時，為了能夠經常照亮地面，必須要讓衛星可以經常性地通過地球上空，因此必須建立大規模衛星群。要在低地球軌道上建立新的大規模衛星群，光是從預算

※1 中國大陸航天科技集團公司（CASC）於 2018 年 10 月 10 日在中國大陸成都市所舉辦的「全國大眾創業萬眾創新活動周」中發表。

※2 所謂靜止衛星是指被投入高度 36,000km 宇宙的衛星，由於地球自轉速度與衛星的公

以及時程的觀點來看就相當困難。因此，也有人提案可以直接裝載（hosted payload）於既有的網路衛星（搭載在某顆衛星上卻執行不同任務的機器），賦予其擔任人造月亮的任務。比方說，在 SpaceX 的「Starlink」、Amazon 的「Project Kuiper」、OneWeb 等網路衛星群上安裝反射膜，打造出所謂的人造月亮。

然而，天文學者之間也對大規模衛星群提出疑慮，擔心會影響從地球進行天體觀測等相關活動。

. . . .

未來商業模式預測 人造月亮主要會用於公共事務

發射這種「人造月亮」會以公共事務為定位進行開發、製造，預計可針對以下市場提供服務：

○ 付費道路營運企業

道路、高速道路、線路等相關工程，為了避免用路混亂或是交通堵塞通常必須在深夜才得以進行相關作業。作業現場如果能夠利用人造月亮，使其明亮如白晝，將可望提升作業效率。

○ 地方政府

因登山或是在海邊遇難，一旦入夜，搜索行動往往被迫中斷。然而，假設使用人造月亮可使該處明亮如白晝，就能夠提高發現遇難者蹤跡的可能性，也會提高其存活率。除此之外，亦有助於地震、颱風等自然災害的復原作業，以及因災害而發生停電

轉速度一致，因此從地球往上看起來像是靜止不動。

※3 以東京為中心，直徑 80km 可以涵蓋至八王子市、千葉市、埼玉市、橫濱市等，範圍相當廣大。

2050

等救援活動。

　　如前所述，由於人造月亮在性質上主要用於人命救援、災害復原等公共用途，因此當然該由政府等公家機關進行運用與管理。「人造月亮」衛星運用的位置很可能必須放在地球靜止軌道帶上，但是目前地球靜止軌道已經相當壅塞。因此，要再將衛星投入地球靜止軌道帶是非常困難的事情。當我們從地球往上看，地球靜止軌道帶上的衛星會看起來像是靜止在空中，所以如果公家機關等想要擁有一些觀測地球的好處（掌握災害、天氣預報等），通常還是會使用地球靜止軌道衛星。

　　另一方面，企業要確保地球靜止軌道帶的位置有其困難度，因此可能會改用在低地球軌道上運行的大規模衛星群〔網路衛星或是地球遙測衛星（Remote Sensing）等〕，使其具備「人造月亮」的功能，再加以運用。

　　時至 2020 年中國大陸發射「人造月亮」的計畫推遲，雖然理由未明，但是總有一天會由某個國家或是企業等賦予實現。現實上，雖然也有技術面的課題需要克服，但是比較起來預算以及計畫時程等更是阻礙。而且，就算條件完備、下定決心，恐怕也需要 10 ～ 20 年左右才可望實現。

※4　低軌道衛星會在高度 2,000km 以下，環繞在地球周圍。許多衛星高度約為 400 ～ 500 km，環繞地球一周約需 90 分鐘。

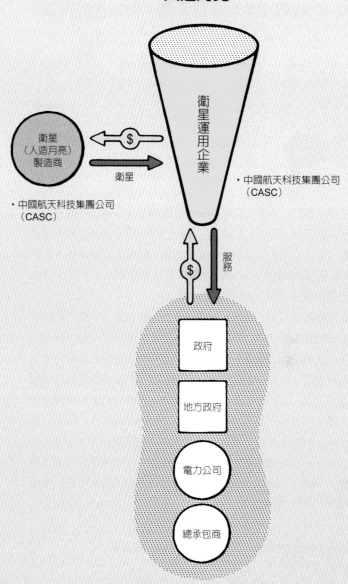

人造月亮

衛星
（人造月亮）
製造商

$

衛星

衛星運用企業

・中國航天科技集團公司
（CASC）

・中國航天科技集團公司
（CASC）

$

服務

政府

地方政府

電力公司

總承包商

153

2040

2050

37

移居月球、火星必備技術！
利用微生物溶解金屬，進行生物採礦

2040 年左右，人類欲實現移居月球或是火星計畫之際，宇宙生物採礦的大規模設備建設，將有助於在宇宙製造建築物或是電子機器。

生物採礦是一種使用微生物，從礦石中溶解出金屬的技術

介紹一下目前現有的生物採礦方式。一般來說，採礦指的是歷經挖掘礦石，分離出有用的礦物（選礦）、收集（精礦）、去除不必要元素（精煉）的工程。另一方面，生物採礦是藉由微生物的力量，從礦石中溶解出金屬的技術。舉個生物採礦的例子來說明，在黃銅礦山（heap）噴灑含有鐵氧化細菌的溶液，待溶解出銅與鐵後，即可分別進行金屬回收。

未來生物採礦的場域，還包含宇宙。事實上，宇宙生物採礦技術已經籌備超過 10 年。英國愛丁堡大學等研究人員在國際太空站 ISS 藉由一個稱作 BioRock、尺寸有如火柴盒的小型生物採礦反應爐（reactor）進行生物採礦實驗。實驗目的是要在宇宙這種特殊重力環境下確認生物採礦是否能夠運作。2019 年 7 月，透過 SpaceX 的獵鷹 9 號運載火箭（Falcon 9）將十八個 BioRock 發射至宇宙。然後，成功於 3 週內在國際太空站 ISS 模擬火星、地球、微小重力等三種重力環境下，透過生物採礦萃取出稀土元素（Rare earth）[1] 以及釩金屬。BioRock 中總共使用三種微生物〔鞘氨醇單胞菌（Sphingomonas desiccabilis）、

※1 稀土元素是三十一礦種中的一種稀有金屬，十七種類元素的總稱。

枯草桿菌（Bacillus subtilis）、耐金屬貪銅菌（Cupriavidus metallidurans）〕。根據該實驗得知三個重點：①重力變化對於生物採礦的稀土元素提取率沒有顯著差異、② 在任何重力下，鞘氨醇單胞菌的生物採礦效率都高達 1.1 ～ 4.29 倍、③在重力較低的條件下，釩金屬的生物採礦會增加 283%等。

. . . .

未來商業模式預測　為了人類移居宇宙而使用生物採礦

宇宙生物採礦企業必須先購置以下產品：

○ 宇宙的微生物、生物採礦設施

購買適用於生物採礦的微生物，也必須備妥能夠讓微生物生長的管理裝置。再者，必須整頓好類似地球上正在進行生物採礦的設備。

此外，宇宙生物採礦企業可以將萃取出的稀土元素或是釩金屬等銷售至以下市場。

○ 宇宙中的電子機器

從月球表面〔表岩屑（regolith）〕等處以生物採礦方式萃取出稀土元素，再銷售至想要在月球或是火星基地製造重要電子機器等的企業。電子機器製造商會使用這種稀土元素，進行電子機器等的製造與銷售。

○ 宇宙中的建設企業

　　由生物採礦萃取出的釩金屬可以銷售至建設公司。釩金屬可以用於月球或是火星的建築物、工具以及建設製程，為了製造出高強度且具耐腐蝕性的材料，也會使用鋼元素。

　　雖然釩金屬是在宇宙中打造建築物時不可或缺的元素，但是搭載在太空船上、從地球運送至宇宙的量若太多也不切實際。一般來說，將在地球逐漸枯竭的稀土元素運送至宇宙，運送成本往往高得離譜。月球或是火星上雖然也有貴重金屬存在，但是必須要先從岩石或是土壤中挖掘出來才得以使用。從地球攜帶挖掘設備，也會因為重量太重而提高成本。解決這些問題的方法之一，就是採取僅用微生物即可進行萃取的生物採礦技術。

　　預計在 2024 年可以將人類送往月球〔阿提米絲計畫（Artemis program）〕[2]、在 2040 年左右可以送至火星，以這些時間為基礎進行考量，宇宙生物採礦要能夠在某種程度規模下達到商業利用，應該要到 2040 年以後吧！

　•

※2　是繼阿波羅（Apollo）計畫後，由美國主導的人類月球表面登陸計畫。目標是在 2024 年之前，讓人類得以登陸月球表面，也有報導表示計畫有所推遲。

宇宙生物採礦

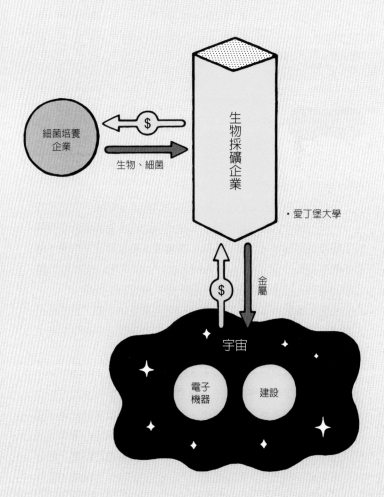

細菌培養企業

$

生物、細菌

生物採礦企業

·愛丁堡大學

$

金屬

宇宙

電子機器

建設

38

讓綠氫成為一種能源與資源

如果可以便宜、簡單地產生氫氣，就能夠成為日本目標「零 CO_2 氫氣供給系統」供應鏈的一部分。

New Technology 讓產氫這件事情變得簡單

令人意外的是能夠輕鬆產生氫氣的時代已經到來。首先，讓我們介紹一下目前為止的開發情形吧！

目前一般產生氫氣的方法有：①使用來自於石油、天然氣等化石燃料的觸媒，並進行改質；②使用來自於生質能甲醇或是甲烷氣體作為觸媒等，並進行改質；③精煉從製鐵所或是化學工廠等所產生的副產氣（manufacture gas）；④使用以自然能源等發電的電力，將水進行電解等。每一種其實都很不簡單。

那麼，讓我們來看一下新開發出來的產氫科技吧！日本福岡工業大學高原健爾教授[1]的研究室開發出僅用鋁金屬與水產生氫氣的方法。

$$2\,Al + 3\,H_2O \rightarrow Al_2O_3 + 3\,H_2$$

根據福岡工業大學的說法，鋁金屬具有容易與氧氣反應的性質，因此鋁金屬表面會快速氧化，並且覆蓋住一層薄氧化膜，然而，鋁金屬通常不會與水反應。因此，工廠等會將進行零件或是模具加工時所產生的鋁金屬廢棄殘渣以特殊裝置進行研磨，將其加工成更細小的微粒。該鋁金屬微粒子的粒子內部有細微的龜裂

※1 高原教授的研究成果被認為實現了 1989 年上映的電影《回到未來 II》（Back to the Future Part II）中，曾將鋁罐等垃圾變成迪羅倫時光機（DeLorean time machine）燃料的場景。

情形，水就會沿著該龜裂侵入後進行水分子分解而產生氫氣。此技術僅需 1 公克的鋁金屬與水，即可製造出約 1 公升的氫氣。實際上，藉由這種反應產氫，並且運用氫氣的燃料電池已經可以成功讓三輪車行駛。

此外，新能源產業技術綜合開發機構（NEDO）與人工光合作用化學製程技術研究會（ARPChem）已經成功利用人工光合作用[※2]產氫。這是利用太陽能的紫外線，透過光觸媒將水分解成氫氣與氧氣，再透過分離膜萃取出氫氣。此外，由工廠等排放出的 CO_2 與氫氣，還可以產生 $C_2 \sim C_4$ 聚烯烴（Polyolefin）這種塑膠原料。

・・・・・・・・・・・・・・・・・・・

未來商業模式預測　**簡易產氫技術可以成為供應鏈的一部分**

想要生產氫氣的企業必須要準備一些用於產氫的必要裝置或是調度裝置所需的必要零組件、材料，透過這些裝置所產生的氫氣可以銷售至氫能發電、燃料電池、金屬冶金、火箭燃料、太陽能板製造等企業。為了實現氫能社會，日本擬定氫氣、燃料電池策略地圖。其中，據稱至 2040 年左右將可建立以再生能源為原料的零 CO_2 氫能供給系統。

在福岡工業大學的技術中，必要的鋁金屬或是水的成本都不高。另一方面，要面對的課題則是產生鋁金屬需要較多的電力，以及用於研磨使之變成更細小微粒子的鋁金屬加工用特殊裝置等

---------•---------

※2　使用太陽光能源，將相對能量較低的水或是 CO_2 等，轉換為較高能量的氫氣或是有機化合物等的技術。

的整體成本，這些都是為了產氫所必須負擔的部分。

此外，藉由人工光合作用產氫，今後還可以更進一步改善的地方有：①轉變成可見光應答型、②開發出擁有太陽光能源轉換效率（5～10%）的高效率光觸媒、③低成本化等。假設上述這些課題都得以解決，氫氣供應鏈可能就會出現與以往不同的嶄新變化。

日本宣示在 2050 年達到碳中和（carbon neutral）。從國際的角度來看，氫能的運用市場今後肯定會更加擴大。不論如何，只要能夠解決現在所有的技術課題以及成本課題，即可期待 2040 年後使用鋁金屬與水即可產氫的技術，以及利用人工光合作用產氫的技術將成為主流。

產氫

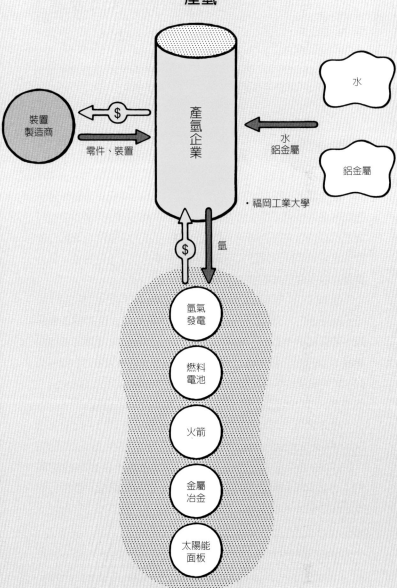

裝置製造商

產氫企業

水

鋁金屬

水
鋁金屬

零件、裝置

• 福岡工業大學

氫

氫氣發電

燃料電池

火箭

金屬冶金

太陽能面板

39

宇宙是未來旅行目的地的 No.1 首選

到了 2040 年左右，宇宙旅行市場的目標客群將從富裕階層轉變為一般民眾，預測宇宙將成為未來旅行目的地的 No.1 首選。

New Technology ## 讓一般民眾都能去宇宙旅行

原本國際太空站 ISS 僅有太空飛行員得以滯留，廣義來說他們就是進入宇宙旅行。因此，從技術上來看宇宙旅行基本上可以說是已經得以實現的事情。然而，這裡所指的宇宙旅行重點在於並非是經過特殊訓練的太空飛行員，主要是以民眾為對象、非公費而是以自費方式前往宇宙等的旅行。

目前的宇宙旅行中，有一種稱之為「次軌道旅行」（suborbital）。所謂「次軌道旅行」是指先用火箭等輸送機起飛，到達高度 100km[1] 的位置。總旅行時間約 90 分鐘，並且在高度 100km 的位置停留數分鐘，可以在該處體驗無重力空間的感覺，同時眺望地球或是其他星球等的景色。美國 Virgin Galactic、美國 Blue Origin 已經成功提供一般民眾進行次軌道旅行[2]。

除此之外，也有在地球低軌道環繞數天的旅行。目前美國 SpaceX 在 Inspiration4 的計畫中，已經有利用有人太空船「Crew Dragon」以一般民眾為對象成功進行宇宙旅行的案例[3]。因此，目前為止已經可以解除一般民眾進行宇宙旅行的安全性疑慮。

---

[1] 全世界的共識是以卡門線（Kármán line）為基準，將海拔高度超越 100km 以上定義為宇宙。除此之外，美國空軍等則將高度 80km 以上稱作宇宙。

[2] 2021 年 7 月 20 日 Blue Origin 公司成功讓一般民眾中最年長的 82 歲女性，以及最年

還有一種宇宙旅行方式是不在輸送機中，而是滯留在宇宙飯店內。宇宙飯店這件事情，只要想想國際太空站 ISS[※4] 等應該就很容易理解。旅客可以滯留在漂浮於低地球軌道外太空的居住空間。這些正由美國 Bigelow Aerospace、Axiom Space 等公司計畫中。

　　目前雖然尚未實現，但是太空船外的旅行也可以說是一種宇宙旅行。我們都會有一種太空飛行員必須穿著厚重感的太空服的印象。未來或許可以讓一般民眾穿太空服，以娛樂為目的離開太空站，進行太空船外的艙外活動（extravehicular activity, EVA）。除此之外，也會出現不降落在月球或火星，而是環繞在其周圍的旅行方式。或者是直接降落在月球或火星，滯留在該星球上的城市旅行。SpaceX 公司正致力於太空船 Starship 的開發。

　　目前也在研究一種不是前往宇宙，而是以氣球方式前往平流層的旅行方式。飛行高度約在 20 ～ 30km，這是一般客機飛行高度 10km 的 2 ～ 3 倍。從平流層遠眺，會有一種彷彿是從宇宙俯瞰地球的感覺。美國 Space Perspective、美國 World View、中國大陸深圳光啟集團（KuangChi Science）、日本公司 SPACE BALLOON 都在著手準備。

163

- -

未來商業模式預測　　**低價化是宇宙旅行商業模式的關鍵**

　　宇宙旅行商業模式可以根據國內外旅行的商業模式進行預

輕的 18 歲男性與 Blue Origin 公司創辦人 Jeff Bezos 等人一起完成宇宙旅行。

※3　2021 年 9 月 18 日，SpaceX 在 Inspiration4 計畫中，成功讓 4 位民眾進行為期 3 天的宇宙旅行。其中一名乘客是裝有義肢、曾經罹癌的患者（已痊癒），當時也蔚為話題。

測。但是，舉凡訓練、娛樂、保險等的商業模式等都必須特別為宇宙旅行量身設計。

前往宇宙旅行的事前訓練會由專屬的訓練企業負責。雖然會與 NASA 或 JAXA 等太空飛行員所接受的訓練不同，但是從 10 幾歲到 80 幾歲，年齡範圍如此大的一般民眾都必須要先能夠承受來自輸送機的噪音、震動以及音速以上的 G 力（gravitational force equivalent）。因此，必須設計出不論處於任何狀態皆可接受的訓練課程，或是可以進行個別訓練的課程。前往平流層旅行時，因為只需要搭乘氣球前往，因此不需要經過特別訓練。

可以運用宇宙的特色，設計出多樣化的娛樂商業模式。如果是平流層旅行，因為無法進行無重力體驗，所以可以輕鬆舉辦 2～3 小時的派對、結婚典禮、婚宴等。

目前對象仍以富裕階層為主，普及至一般民眾的關鍵在於低價化。想要邁向低價化，還有待太空船製造據點大型化、太空船改裝修繕、再利用的技術提升、相關訓練，以及累積在各種狀態下一般民眾的旅行意見與經驗等。

然而，與過去的 Old Space 的時代比較起來，在 New Space 時代下，新創公司的商業模式看起來非常荒謬與快速。有鑑於這些狀況，在累積各種意見之前，恐怕還需要 10～20 年左右比較妥當。但是，宇宙旅行要達到低價化、一般化階段可能會比 2040 年稍早一點實現。到時候，宇宙旅行成為旅行目的地首選 No.1 是必然的現象。

---・---

※4 報導指出國際太空站 ISS 已有部分開始老化，恐怕只能使用至 2024 年，也有異議表示可以使用至 2028～2030 年。終止運用後，將由 Axiom Space 民間公司接管，並自行決定其商業利用規劃。

宇宙旅行

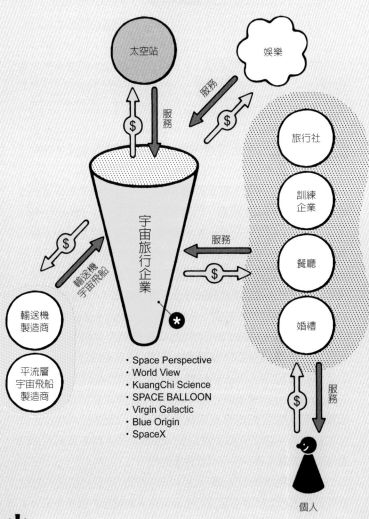

太空站

娛樂

服務

服務

旅行社

訓練
企業

服務

餐廳

$

婚禮

輸送機
宇宙飛船

宇宙旅行企業

*

服務

輸送機
製造商

平流層
宇宙飛船
製造商

· Space Perspective
· World View
· KuangChi Science
· SPACE BALLOON
· Virgin Galactic
· Blue Origin
· SpaceX

服務

個人

*

有些會兼任輸送機製造商、平流層宇宙飛船製造商

165

40

移居火星的關鍵科技「人工冬眠」

欲前往火星約需耗費 180 天。為了解決太空船無法乘載這段時間所需的大量用水與糧食問題，因而出現「人工冬眠」這項技術。這項技術要到 2040～2050 年以後才有機會安全無虞地適用於人類，並用於移居火星。

New Technology 降低體溫，讓人處於暫停活動的狀態

如同動物冬眠般，降低人類的體溫，讓人類進入暫停活動的狀態，稱作「人工冬眠」。人工冬眠又稱作 Hibernation、Hyper Sleep、Cold Sleep 等。目前已開始使用老鼠（mouse）或白老鼠（rat）進行各種研究，未來可望實現人類的人工冬眠技術。日本理化學研究所分析進行冬眠狀態時的人體節能機制，目前已發現可誘導冬眠狀態的方法，取得相當了不起的成果。

此外，NASA 與美國 SpaceWorks Enterprises 在「NASA Innovative Advanced Concepts」中進行前往火星相關研究，並於 2018 年時提出以下檢討報告結果。太空船內設有欲進行人工冬眠狀態時的「進入式睡艙」（pot），透過設置於頭部的 Oxygen Hood 提供氧氣並且清除 CO_2。經常以感測器測量人類心臟狀態，並且監控其餘內臟器官，讓人類體溫維持在低於 10°C 的狀態。除了供給營養或水，也會給予人體電流刺激，以維持必要的肌肉量，也可以處理排泄物。

歐洲太空總署 ESA 曾於 2019 年探討太空飛行員進入冬眠的最適方法，以及發生緊急狀態時，對人類安全的因應作法等。

為了誘導人類進入冬眠狀態，會使用一些藥物，讓脂肪得以像動物般在體內囤積。然後，在昏暗且溫度下降的狀態下進入冬眠用睡艙，並且在從地球抵達火星前的 180 天內沉睡，在 21 天的恢復期後完全甦醒，還必須考量如何避免冬眠後造成人類骨骼以及肌肉量減少。

- -

未來商業模式預測 ## 人工冬眠技術可運用於
醫療以及因應氣候變遷

　　欲實現人工冬眠技術的理由，不僅是為了移居火星，也可以應用在醫療方面或是因應氣候變遷等。

○ 醫療
　　可以運用在救護車運送患者的過程。由於是否能夠盡快抵達醫院，接受治療是救命的關鍵。這時如果可以讓患者進入人工冬眠狀態、降低活動能量，就可以減少對身體的負擔。也因為抑止了對心臟或是肺部等內臟器官的負擔，還可以預防病情惡化。如此一來，就可以增加治療的時間。此外，亦可期待用於抑制老化方面。

○ 因應氣候變遷
　　當地球遭遇與現在環境差距很大的氣候變遷時，就可以讓人類進入人工冬眠狀態，等待該時期經過。這是一種類似於 SF 科幻小說或是漫畫《望鄉太郎》的世界。

○ 宇宙

　　從地球前往火星時，有 180 天必須在太空船内生活，因此必須依照搭乘的人數在太空船内準備水、糧食、空氣等 ※1。此外，光是要在狹窄封閉的空間内生活，包含精神面等在内都是非常嚴峻的環境，而這些問題都可以透過人工冬眠來解決。

　　截至目前為止，NASA 與 SpaceWorks Enterprises 已經推出 4 人用與 8 人用的人工冬眠專用太空船睡艙概念機。在 8 人用的設計方面，重量 42.3t、長度 8.75m、直徑 7.25m、耗電量 30kW。根據試算，成本約需 3,000 ～ 4,000 億日幣。4 人用的尺寸與成本皆約 8 人用的一半。

　　根據人工冬眠研究者的說法，為了讓人類能夠在 10 分鐘内安全地進行代謝，該技術最遲要到 2030 年後半期才得以實現。以此為基礎，預計在 2030 年後半期，會先運用在地球的緊急醫療領域。之後想要在氣候變遷或是移居火星方面使用人工冬眠技術，可能要到 2040 ～ 2050 年以後。

※1　光是在太空船内度過的 180 天，就需要相當大量的水、糧食、日用品。再加上抵達火星後以及回歸地球所需的物資，真的無法全數囤積在太空船内。

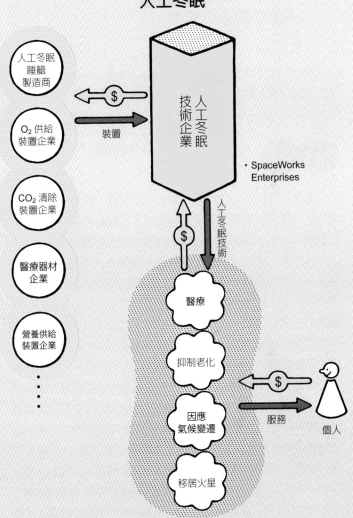

人工冬眠

人工冬眠
睡艙
製造商

O₂ 供給
裝置企業

CO₂ 清除
裝置企業

醫療器材
企業

營養供給
裝置企業

$

裝置

人工冬眠
技術企業

・SpaceWorks
Enterprises

人工冬眠技術

$

醫療

抑制老化

因應
氣候變遷

移居火星

$

服務

個人

169

41

彷彿就是龍宮城！
深海的未來都市

2040～2050 年後，強大的總承包商將會開啟在海底打造建築物、飯店、住宅、觀光業、發電事業等的商業模式。

New Technology

能夠承受深海極大水壓的巨大加壓設備

地球上有 95% 以上的海洋處於未知狀態，越是深海越是難以為人所知[1]。由於深海處的水壓極大，因此想要在深海處打造建築物，就必須要有能夠耐得住水壓的巨大加壓設備[2]。

日本清水建設公司提出欲建設一座深海未來都市 OCEAN SPIRAL（海洋螺旋）的偉大構想。從技術面來看，應可於 2030 年前竣工。OCEAN SPIRAL 能夠浮出海面，並且由三個空間所組成：①居住空間— BLUE GARDEN、②海底基地— EARTH FACTORY、③連接居住設施與海底基地的 INFRA SPIRAL，以及超級壓載球（Super ballast balls）。

居住空間 BLUE GARDEN 是由直徑 500m 的混凝土建造出可讓 500 人居住的空間，中心配置在水深 200m 左右。會招攬飯店業者、住宅建築公司、房仲業者、研究機構等前往參與建設。並且，會在水深 2,500m 以下的海底位置設置 CO_2 儲存設備、地震／地殼變動監控據點、地下資源挖掘設備 EARTH FACTORY 等。從居住空間 BLUE GARDEN 到海底 EARTH FACTORY 之間，還會建設一個稱作 INFRA SPIRAL 的螺旋狀建

---

[1] 人類把目光朝向深海的理由是為了取得①糧食、②能源、③水、④資源，以及⑤ CO_2 的存儲與再利用等五項。
[2] 所謂「加壓設備」是指在該設備空間內放入空氣並給予壓力，這樣一來，就會和在地

築物。在螺旋中心移動的球體（超級壓載球）是一種可以藉由空氣或是砂石調整浮力，上下移動的結構體。該超級壓載球可以作為觀測深海以及深海魚的據點，或是潛水艇的停靠港等。

這樣的建築物必須採用球體狀以分散水壓、使用高強度的樹脂混凝土，以及不會生鏽的樹脂配筋。因為可以上下移動，所以颱風時可以潛入海洋深處躲避風雨。再者，這種深海未來都市可以利用海洋溫差發電[※3]，利用逆滲透膜式淡水處理技術[※4]取得淡水。

● ●

未來商業模式預測

深海未來都市會成為 綜合地產開發業者的新事業

深海未來都市會由清水建設公司這種具有技術能力與資金能力的總承包商所建設。由於可以運用於深海場域，預計可以將服務拓展至以下市場：

○ 飯店

飯店企業參與其中，以高級飯店方式營運。地產開發業者可以向飯店業者徵收租金。

○ 出租

以分售公寓、出租公寓的形式，進行銷售或是出租。

面上一樣可讓人類居住，讓設施內部空間充滿空氣。
※3　利用被太陽加溫的表層海水與冰冷的深層海水溫差來發電，是再生能源之一。
※4　具有僅能夠讓水通過、無法讓鹽分通過的特殊性質薄膜，是一種可以透過RO（Reverse

○ 大型商業設施、辦公室

邀請企業使用作為企業辦公室，當然也可以作為購物中心的招租店面邀請企業進駐。

○ 觀光業

利用水中展望臺獲取收入，也可以考慮透過潛水艇提供深海遊覽行程。此外，也可以招攬餐飲業、零售商店進駐，收取租金等。

○ 海底資源企業、研究設施

向海底資源企業收取設施使用費，向國家或是民間研究機構收取租金。

○ 發電、售電事業

利用海洋溫差發電提供建築物所需電力。販售剩餘的電力以獲取收入，亦可考慮在海底未來都市的海上周邊設置浮體式離岸風力發電裝置。

○ 潛水艇的深海港營運企業

在深海打造可以讓人員、物資上下船的深海港。藉由營運該深海港，向潛水艇收取港口使用費。

要讓上述的設施功能完善，或許還需要很長的時間。目前雖然已有報導指稱 2030 年前在技術上可望竣工，但是最快應該也要到 2040 ～ 2050 年以後，因為必須先建設出可深入至海水深處的建築物，再階段性地進行深海未來都市整頓。在此基礎上，上述各項服務的商業模式才得以開始展開。

Osmosis）膜過濾出純水的技術。

深海未來都市

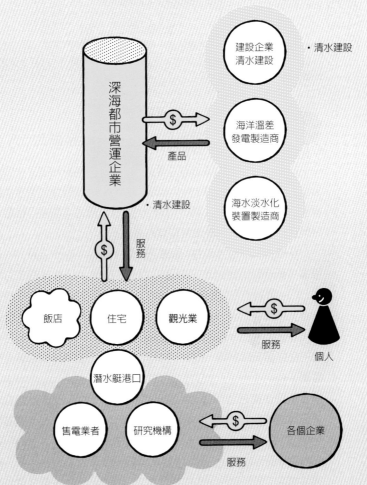

42

「夢幻級發電廠」
——實現核融合能源

我們可以透過地球上大量的水，取得半永久性的能源來源，進行安全且穩定的核融合發電。2050 年後，日本的發電結構將會加入核融合發電，開啟如夢般的發電業務。

核融合發電可分為
磁局限融合方式和慣性局限融合方式

核融合被稱為「地上的太陽」以及「夢幻的發電站」，因為其反應方式與太陽相同，可以半永久性地從地球的豐沛海水中獲取能源。電影《蜘蛛人 2》中曾經出現八爪博士成功進行核融合公開實驗的場景，但是現實情境則截然不同。

核融合反應可分為 DT 反應〔重氫（heavy hydrogen）、超重氫（tritium hydrogen）反應〕與 DD 反應（重氫與重氫的反應）[1]。最容易實現的方式是藉由 DT 反應產生 n（中子）與 He（氦）。產生的中子進入核融合爐內部（blanket），並且反覆產生中子散射（neutron scattering）與減速，就會加熱核融合爐內部的構造材料等。接著，輸送出該熱能，同時轉動渦輪進行發電。

有許多種方法可以產生核融合反應，其中較具代表性的是「磁局限融合」（Magnetic confinement fusion）〔利用電磁場封閉電漿（plasma）〕以及「慣性局限融合」（Inertial confinement fusion）（利用慣性力量，提高原子密度）。「磁局限融合」有：甜甜圈型的托卡馬克（Tokamak）、扭結甜甜圈

※1 D為重氫、T為三重氫（氚）。D是一種可以從海水等處較容易取得的無盡資源。T雖然幾乎不存在於自然界，但是透過核融合爐內反應可能可以產生T。

型的螺旋型（Helical）等方式；「慣性局限融合」則是以雷射的方式進行。

　　全世界的國家級研究機構、大學、企業等正針對核融合進行各種研究開發，「磁局限融合」方式目前給大眾領先一步的印象。日本核融合科學研究所（NIFS）正在進行 LHD 這種大型螺旋裝置（磁局限融合方式）研究，並已獲得一些成果。其中，2020 年度的重氫電漿（heavy hydrogen plasma）實驗，成功產生可以讓電子溫度、離子溫度皆達到 1 億度的電漿（plasma）。

　　量子科學技術研究開發機構（QST）進行的是 JT-60（JT stands for Japan Torus）托卡馬克型（磁局限融合方式）研究。JT-60 讓 Q 值、電漿溫度[2]等皆達到世界最高值。目前正在進行後續的 JT-60SA 建設。

175

　　國際上也有其他的研究案例。加拿大核融合新創公司 General Fusion 以「磁化定位核融合」[3]（Magnetized Target Fusion, MTF）方式實現核融合，這是一種全新的核融合概念。MTF 的原理如下：將電漿注入由液體金屬等導體製造出的區域，然後利用壓縮、加熱方式讓電漿與各個導體產生核融合反應，並使其反覆進行的一種方法。MTF 的電漿拘束時間會比採用磁局限融合方式來得短暫。

　　另一方面，美國企業 Helion Energy 從核融合電漿回收熱能，正在探討是否可以藉由旋轉渦輪方式產生電力。當在中央衝撞的電漿膨脹，磁場當然會因此發生變化。根據法拉第法則，該

※2　所謂 Q 值是指藉由核融合反應輸出與加熱輸入的比值。所謂電漿溫度是指電漿內的離子與電子溫度。

※3　MTF 是一種介於「磁局限融合」與「慣性局限融合」中間的方式，藉由讓緊湊環形電

磁場變化會誘導電流，就可以直接回收該電流。藉由這種方法，目前為止已經可以達到 95% 的能源轉換效率。

再者，也已經開發出「Self-supplied helium-3 fuel cycle」這種將重氫轉換為核融合的燃料氦 -3（^{3}He）的系統並取得專利。Helion Energy 是第一家以工業製程製造出 ^{3}He 的企業。

- -

未來商業模式預測　**即使是發電業務，發電方式亦有所不同**

與水力發電、火力發電、核能發電、再生能源等的發電方式不同，採用核融合發電的商業模式會與現有的發電、售電商業模式相同。

核融合發電業者會將發電設備材料等委託給製造商進行開發、製造，再向生產 D、T 等燃料的企業調度燃料，最後販售其所產生的電力。

美國以及歐洲等國家預計會在 2030 ～ 2040 年實現核融合發電〔包含示範運行性質的實驗場域（pilot plant）〕計畫。日本方面，根據其綠色成長策略時程表推測實現核融合發電要到 2050 年以後。

漿爆炸的方式取得核融合反應。

核融合發電

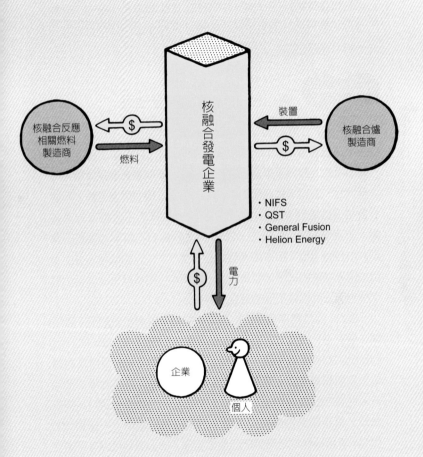

核融合反應相關燃料製造商

核融合發電企業

核融合爐製造商

$ 燃料

裝置

$

・NIFS
・QST
・General Fusion
・Helion Energy

$ 電力

企業

個人

宇宙太陽光電
是不會枯竭的綠色能源

日本方面計畫「宇宙太陽光發電系統」將於 2030 年代進入太空示範運行階段，2045 年以後進入實用化階段，並於 2050 年左右達到實用化。

New Technology

於外太空發電，
再以微波將電力傳送至地面

「宇宙太陽光發電系統」又稱作 SSPS（Space Solar Power Systems）。SSPS 的發電廠構想是在外太空設置巨大的太陽能電池以及微波輸電天線，再利用微波以無線方式將電力傳送至地面。由於不需要使用化石燃料，是一種對環境友善，永遠不會枯竭的能源來源。優點是不論天候狀況、不分晝夜皆可發電，並且獲取穩定的電力。2021 年上映的日本電影《太陽不會動》中也有出現宇宙太陽光發電的場景。很久以前就有人提出宇宙太陽光發電的構想，但是一直未能實現，對於其是否具有可實現性也有正反兩面不同的意見 [1]。

SSPS 的具體構想是將搭載太陽能電池的衛星發射至宇宙空間，使其進入高度 36,000 km 的地球靜止軌道（Geostationary Orbit, GEO），將經由太陽光發電的太陽能電池能源轉換為微波。利用輸電天線，將微波形成波束，控制其方向後傳送至地球。地球方面會利用接收天線〔整流天線（Rectenna）〕接收微波，再將直流電轉為交流電，傳輸至商用電網。一座與 100 萬 kW 級核能發電廠同等級的發電設備，必須要有可以在宇宙空

---

[1] 必須要有開發大型物體的傳輸技術、大型物體的小型／輕量化技術、在宇宙空間內的建設技術，以及降低相關成本的因應策略。除此之外，從 SSPS 傳送至地面的微波是否會對人體健康、大氣、電離層、飛機、電子儀器等造成影響，也是要面對的課題。

間內朝四面八方展開約 2km 大小的太陽能電池面板才行。地面的接收天線也必須要有直徑 4km 的規模[*2]。

· ·

宇宙太陽光發電
可以採用大規模發電的商業模式！

水力發電、火力發電、核能發電、再生能源等發電方式雖然有所不同，但是 SSPS 的商業模式應該會與現有的發電、售電商業模式相同。SSPS 業者會進行 SSPS 的營運，並且將發電得來的電力傳送至地面，以輸電、售電的方式獲利。

首先，SSPS 業者會委託 SSPS 製造商進行開發與製造。SSPS 會以分割的形式藉由火箭發射至宇宙，接著逐步在宇宙空間內組裝而成。或是，摺疊成較小的形狀後以火箭輸送，到宇宙空間後再展開成大型物體[*3]。

除此之外，伴隨著 SSPS 的商業模式應運而生。比方說，為了避免運用 SSPS 時遭受太空垃圾衝撞必須進行監控，還必須維修因太陽閃焰（solar flare）造成的 SSPS 損傷、SSPS 運用結束後必須進行安全廢棄／再利用等。

此外，往往會因為太陽風（Solar wind）的壓力等，導致 SSPS 軌道或是狀態發生紊亂情形。為了因應這些狀況，SSPS 上會搭載推進器（thruster）（利用噴射燃料方式修正軌道或是狀態的裝置）以及控制 SSPS 狀態的相關儀器。因此，應該還會出現在燃料枯竭之前補充燃料的企業，或是會有以機器人學

179

※2 接收電力的設備會將領航訊號（Pilot Signal）發送至外太空的太陽能電池，太陽能電池會追蹤這個領航訊號，如果沒有接收到這個訊號，就不會向地球方向發射微波等，是一種為了安全考量的設計。

（Robotics）技術調校裝載火箭狀態或是軌道等企業出現。

宇宙太陽光發電相關討論目前由日本經濟產業省、文部科學省、JAXA 為中心進行，正準備推動日本國家級計畫。此外，京都大學篠原真毅教授等世界級的代表性研究人員也在此領域貢獻心力。

目前日本經濟產業省委託宇宙系統開發利用推進機構（JSS）進行相關業務。截至 2020 年為止已經完成大型宇宙物體的建築技術設計，以及在軌道上進行示範運行系統的基本設計。2021 年後將朝實用化邁進，期望開發出發輸電一體成形的面板、提升微波無線輸收電技術相關輸電部分的效率等。隨著技術朝向長距離大電力無線輸配電技術發展，未來的目標是要將這些技術衍生（spin off）至其他產業。

此外，SSPS 的研究開發藍圖（road map）也已公開。2030 年代定位為「太空示範運行階段」、2045 年以後則定位為「實用化階段」。到了 2050 年左右，期待新能源 SSPS 可以達到真正實用化。

・

※3 在宇宙開發方面，人造衛星太陽能電池面板等的摺疊技術相當重要。東京大學三浦公亮名譽教授提出「三浦摺疊」；東海大學十龜昭人博士提出「十龜摺疊」；日本 OUTSENSE 等公司亦致力於研發摺疊技術。

宇宙太陽光發電

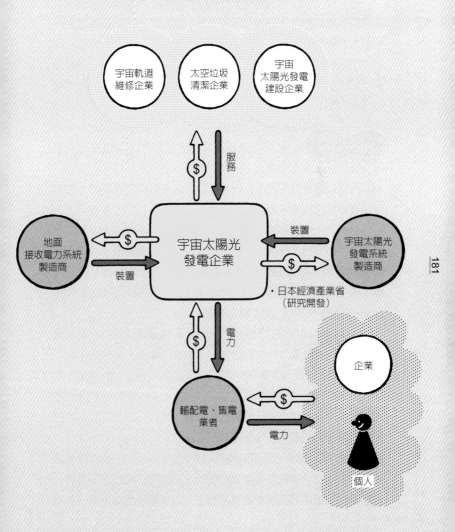

人類可以從巴別塔抵達平流層

一座高大到難以想像的建築物即將被建造出來，其中從事著包含觀光業、發電業、飯店餐飲業、火箭發射服務、機場營運業務等。

超高層建築物
是一種藉由加壓塊狀物堆積而成的建築

我們或許有機會建造出一座可以抵達平流層的建築物。在此介紹目前現況與未來的計畫吧！

2021 年，世界第一高樓為阿拉伯聯合大公國（UAE）的哈里發塔。高度為 828m，可說是難以望其項背的高度。在日本，大阪阿倍野 HARUKAS 展望臺高度 300m，已經是日本第一高樓。高度約 330m 的東京虎之門·麻布台大樓預計於 2023 年竣工。

2021 年，世界各國都在計畫建造高度超過 1,000m 的超高層建築物。例如：杜拜的 Dubai City Tower（Vertical city）（2,400m）、日本東京天空英里塔（Sky Mile Tower）（1,700m）等，實際執行狀況並不明朗。人類可能受到遺傳基因影響，一直想往上爬。就好比《聖經·舊約·創世記》中的巴別塔，或是《七龍珠》中的卡林塔。

加拿大的軍事、防衛企業 Thoth Technology 計畫建設一座 Space Tower，其高度可達 20,000m。比客機的飛行高度還高。為了確保大樓內的空氣不會洩漏出去，這座高塔是由堆疊「加壓

182

模塊」組合而成，以實現與地面上相同的生活品質。該項技術也已經取得專利。Space Tower 採圓筒狀結構，據說可以興建於一般市鎮街道地區。地面上設有纜車車站（gondola lift），纜車會沿著 Space Tower 壁面以螺旋方式攀登向上。從 Space Tower 中間至上方，設有多組風力發電機，牆面上亦設有太陽光發電板。屋頂附近則建築成展望臺、客機跑道、火箭發射場[※1]。在該處設火箭發射場的理由在於可以減少燃料的使用。比起從地面向上發射至太空，直接從高度 20,000m 位置發射可以縮短火箭的飛行距離。

　　2015 年時就已經出現 Space Tower 的構想。後來，雖然無法確認是否還有新話題出現，至少在歷史上人類的目標肯定是想要不斷地往上爬。姑且不論這個計畫未來會由誰來實現。

- -

未來商業模式預測
綜合地產開發業者原有業務，再加上機場、觀光設施

　　可以抵達平流層的建築物會由類似 Thoth Technology 等擁有專利技術的公司，以及技術、資金皆到位的總承包商進行建設。綜合開發商方面可以針對以下市場展開業務：

○ 飯店
　　飯店業可以在該處經營高級飯店，獲取飯店住宿費用。

※1　火箭體會沿著 Space Tower 的中央或是側面分別被運送至屋頂，可以在屋頂處進行火箭組裝。此外，火箭著陸後，也會在屋頂處進行維護作業後再重新發射。

○ 觀光業

　　觀光業可以購買並運用纜車，以獲取展望臺帶來的觀光收入。也可以招租餐廳等，以收取租金。

○ 發電、售電事業

　　在建築物上設置風力發電或是太陽光發電，為建築物供電，並且將剩餘電力銷售出去，以獲取收入。

○ 公寓、不動產

　　如同高樓層的大廈般，因為遠景視野良好，也可以考慮作為公寓分售、出租等。當然，可以對外招租，讓公司行號前來承租類似購物中心的店面。

○ 發射火箭、機場營運

　　向欲發射火箭的企業提供發射場，並徵收使用費。火箭發射必須燃燒引擎，因此會有修繕、維護發射設備損傷的必要性。此外，機場營運企業也可以向航空公司收取機場使用費等。

　　想要完全組織好一座如 Space Tower 般的相關設施以及功能，還需耗費不少時間。恐怕要到 2050 年或更晚才有機會建造出一座超越想像高度的建築，並開始出現相關商業模式。

Space Tower

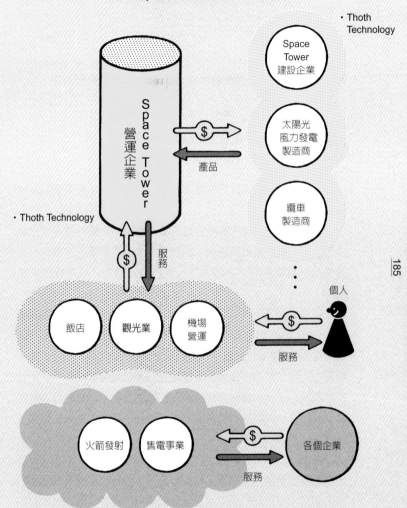

45

我們可以控制颱風的未來

預計到 2050 年我們就可以正確觀測、預測那些會對人們造成威脅的颱風。然後，甚至可以將颱風的巨大能量轉變為電力等資源或能源。

只要在颱風眼丟擲冰塊，即可削弱其勢力

未來我們或許可以控制颱風吧！那麼，就先來看看要如何控制颱風吧！

每年都會有好幾個颱風登陸日本。颱風的力量往往會帶來嚴重的災害。雖然我們無法與大自然抗衡，但是事實上的確有一些方式可以幫助削弱、消滅海上出現的颱風勢力，或是變更其路徑。

很久以前曾經有過颱風控制相關實驗，並且獲得成功的案例。1969 年，美國氣象局曾利用客機在颱風眼外部雲層進行噴灑碘化銀[1]以進行實驗。實驗結果是讓颱風從最大風速 50m/s 降至 35m/s。然而，適用於該實驗的熱帶低氣壓數量並不多，有些專家擔心會因為實驗造成颱風路徑發生急劇變化、難以調整與評估會對各國造成的利弊得失等，這也是研究到後來無法有進一步進展的真實狀況。

2021 年，橫濱國立大學成立颱風科學技術研究中心，表示應該開發出得以控制颱風、削弱其勢力，並且可以使其發電的科技。目前，正在研究如何將正確觀測颱風的技術、以數值模擬正

※1 碘化銀的結構類似冰的結晶，散布於大氣中時，會讓大氣中的水結晶化，即可作為生成雲的種子，藉此進行人工降雨。由於碘化銀具有毒性，因此雖然可用於人造雨，但不得使用超過會影響人體的量。

確預測的技術、將颱風能源轉變為電力等技術應用在社會中。

過去一直無法控制颱風，現在卻得以控制的主要原因是已經發展出可以藉由數值模擬等方式進行颱風「效果判定」的技術。

理由如下：颱風是因為溫暖的海水蒸發而產生上升氣流，中心部分的氣壓變低、強度就會增加。如果將冰塊撒入颱風眼中心，讓溫暖的空氣變冷就可以稍微壓低氣壓、降低其強度。然後，藉此控制颱風、降低強度，可以將風速減少 3m/s。就算風速只減少 3m/s，也能夠降低約 30% 的建築物損害。從金額上來看，可以減輕約 1,800 億日幣的經濟損失。

此外，被控制的颱風還可以用來發電。開發出像是遊艇般的「無人颱風發電船」，使之朝颱風前進，藉由安裝於船體後方的螺旋槳控制船隻前進或是轉動來發電。

- -

未來商業模式預測　未來我們將不會再受到颱風的威脅

控制颱風相關工作，由於公共性質較高，預估應該會由氣象廳等公家機關進行。

○ 政府單位

由政府氣象廳等機構負責控制颱風。藉此技術正確預測颱風會達到多少強度、會造成多大危害，以擬定用於減輕災害之最佳策略。此外，也可考慮將這種颱風控制 Know How 技術輸出至

海外市場。

○ 發電、售電事業

　　藉由「颱風發電船」將其發電獲得的電力儲存起來，進行售電，以獲取收入。

　　電視臺等天氣預報或是新聞發布的颱風資訊，可能會從原本的登陸資訊、注意特報、警報等轉變為颱風消滅成功、強度輕減等新型態的報導，或許需要重新思考以往未曾出現過的氣象用語。

　　假設今後不會再有超越一定強度的颱風登陸於日本，或許還可以放寬河川、林間、所有建築物的設計與建築基準等。

　　日本射月研究開發計畫（Moon Shot），自 2021 年開始進行颱風控制相關研究，逐漸改變人們對於颱風的意識。到了 2050 年颱風應該可以完全受到控制，並且將原本對人類的「威脅」轉為「恩惠」。

颱風控制

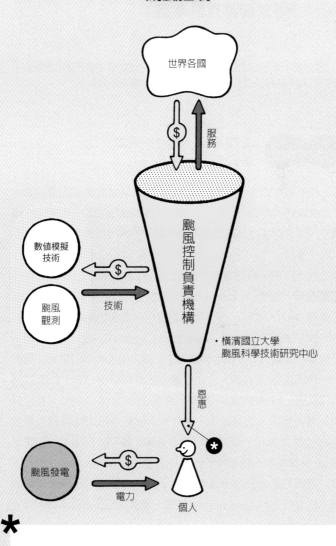

世界各國

$ 服務

數值模擬技術

颱風控制負責機構

颱風觀測

技術

$

・橫濱國立大學
颱風科學技術研究中心

恩惠

颱風發電

$

電力

個人

✱

✱

降低經濟損失

46

把溫室氣體 CO_2 變成資源或是產品！

從空氣中抽出的溫室氣體二氧化碳 CO_2，可以衍生出各種商業模式。未來到了 2050 年，CO_2 或許可以轉變成為化學品等產品。

回收 CO_2、儲存於地底，再做成回收物品

日本政府宣告在 2050 年之前要達到溫室氣體排放量為零的「2050 年碳中和」目標[1]。亦訂定綠色成長策略，期望官方與民間共同合作進行。其實也不用多說，守護地球環境本來就是全世界的課題。

以下介紹可將造成地球暖化原因的 CO_2 轉變為資源的科技開發現況。瑞典 Climeworks 公司開發出可以將大氣中 CO_2 回收的裝置 Orca，並且已經實際開始運行。這個號稱可以回收大氣中 CO_2 的直接空氣捕獲（Direct Air Capture, DAC）技術架構，是透過一個安裝於大箱型裝置內的風扇汲取大氣中的空氣，再利用中央的濾心抓取 CO_2。一旦濾心充分捕捉到 CO_2，就會關閉入口風扇、封存住 CO_2。接著，將濾心加熱至約 100℃，並且將 CO_2 混入水中、送至地下，使之溶入岩石，經年累月後就會發生鈣化[2]。Orca 一年具有可回收 4,000 噸 CO_2 的能力，相當於約 28 萬棵杉木一整年所吸收的 CO_2 量。

美國 Hypergiant Industries 公司[3] 開發出可以使用藻類吸收 CO_2 的「EOS Bioreactor」裝置。藻類在成長過程中會吸收、

---

[1] 2020 年 10 月日本前首相菅義偉發表實現零碳排社會宣言。

[2] 使用冰島 Carbfix 公司的技術將二氧化碳混入水中，然後將其送入地下溶解。溶解二氧化碳的水會與地下岩石發生反應。隨著時間的推移，地下岩石中的鈣、鎂、鐵等元

消耗 CO_2，並且在該過程中會產生生質能。生質能是從動植物中萃取出來的有機資源。處理生質能可以產生燃料、油脂、營養豐富的高蛋白質食材來源、肥料、塑膠、化妝品等。EOS Bioreactor 公司以 AI 進行溫度等管理，使藻類成長達到最適化狀態。藻類吸收 CO_2 的能力比樹木效率高 400 倍。光是體積小這一點就極具魅力。

除此之外，美國 Air Company 公司從大氣中的 CO_2 製造出「Air Vodka」這種酒。因為可以從 CO_2 製造酒精，想必除了酒以外也可以製造出酒精噴霧等產品。

- -

未來商業模式預測 **碳回收業、移居火星**

擁有吸收 CO_2 技術的企業，可以將商業模式拓展至以下市場：

○ 碳權（Carbon Credit）

有些企業運作必須得排放 CO_2，但是可能該企業的排放削減量已經達到極限。對於這些企業，可以藉由 CO_2 清除裝置清除 CO_2，以削減各行各業所排放出的 CO_2，並取得相對應的補貼費用。

○ 碳回收

有些企業會利用吸收而來的 CO_2 製造出各式各樣的最終產

素會與溶解的 CO_2 結合並且鈣化。據說可以穩定保存數千年之久。
※3 一間善於使用 AI 技術的企業，能夠在能源、航空宇宙、健康照護、公共事業等廣泛領域拓展事業。

191

2040　　　　　　　　　　**2050**

品並進行銷售，可以製作出燃料、油脂、營養豐富的高蛋白質飲食、肥料、塑膠、化妝品等。

由於碳回收市場的技術障礙較高，日本碳捕捉、利用與封存技術（Carbon Capture, Utilization and Storage, CCUS）[※4]，預計將會成為一個寡占市場。如同綠色成長策略時程表，至2030年左右將完成碳回收市場示範運行，2040年開始至2050年將擴大導入，移至商用階段。

○ 宇宙（移居火星計畫）

火星上的大氣是由 CO_2（95.32%）、N_2（2.7%）、Ar（1.6%）所構成，其中 CO_2 占最大部分。因此，可以思考是否可從火星的大氣與地球上的空氣抽取 CO_2 轉換成為火箭燃料。

此外，NASA 與 Air Company 擁有可以將 CO_2 製作成砂糖的技術。首先，氫氣與 CO_2 會製造出甲醇，去除氫氣後，甲醇就會變成甲醛。這是一種可以用於製造建築材料或是洗潔劑的無色、無味化學物質。然後，就能夠在最後的化學反應中，做出葡萄糖（D-glucose）這種單醣。即可抽取火星大氣中的 CO_2，在火星上製造葡萄糖等砂糖，生產重要原料。

※4 CCUS 是碳捕捉、利用與封存技術（Carbon Capture, Utilization and Storage, CCUS）的簡稱，係指 CO_2 的回收、利用、儲存。

CO$_2$ 商機

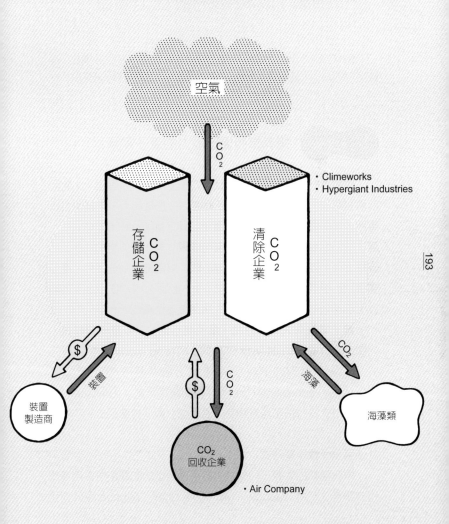

空氣

CO$_2$

存儲企業 CO$_2$

清除企業 CO$_2$

· Climeworks
· Hypergiant Industries

$ 裝置

裝置製造商

$ CO$_2$

CO$_2$
回收企業

· Air Company

海藻 CO$_2$

海藻類

萬能量子電腦將掀起
品質、成本、交付的 QCD 革命

預計在 2050 年後，未來可望實現能夠正確地在短時間內計算出、模擬出所有的事物的萬能量子電腦，各個市場也將因此產生劇烈的變化。

● ●

New Technology ## 擁有超強處理能力的量子電腦

所謂量子電腦，是指將「量子力學」用於計算過程，比起目前現有電腦，量子電腦擁有壓倒性強大的處理能力，可謂次世代電腦。量子電腦的基本單位是量子位元（quantum bit, Qbit），除了既有電腦的 0 與 1 之外，還可實現 0 與 1 的「疊加狀態」。這樣一來，就可以大幅減少計算步驟，以便進行高速運算。量子電腦會使用「微波共振腔」，並且由 QPU（Quantum Processing Unit）等演算裝置、測量裝置所構成。

量子電腦可大致區分為「量子閘方式」（或量子邏輯閘）（Gate）[1] 以及「易辛模型方式」（Ising model）等二種方式。「易辛模型方式」又可再細分為「量子退火方式」（Quantum annealing）[2] 以及「雷射網路方式」（network）。這四種方式依特性可再分類為「通用型」與「特殊型」。

○ **通用型（量子閘方式）**

所有種類的問題，也就是說所有通用型的問題都可以用邏輯方式解開。IBM、Google、Microsoft、Intel、Alibaba 等公司正

※1 第一個採用量子閘方式而聞名全球的是 IBM Q 的量子電腦商用化技術。
※2 1998 年由東京工業大學西森秀稔教授所提出來的方式。

在進行相關研究開發。

O 特殊型（易辛模型方式、量子退火方式、雷射網路方式）

　　易辛模型方式是從大量組合中找出最適當的組合後，完成「最適組合問題」解答。「量子退火方式」目前由 D-Wave、日本電氣（NEC）、新能源產業技術綜合開發機構 NEDO 等機構進行研究開發。「雷射網路方式」是藉由雷射照射的方式產生量子現象 ※3。使用可以在常溫／常壓下動作的光參量振盪器（Optical Parametric Oscillator）。

　　「通用型」量子電腦被認為要達到實用化階段還需耗費 10 年以上，但是可以期待其廣泛的用途。另一方面，「特殊型」已有許多跑在前面、朝向實用化的應用。目前，「特殊型」主要是以 D-Wave 等公司的「量子退火方式」進行示範運行。如在製造業方面，DENSO 公司透過量子電腦計算適用於無人搬運車行走的最適化路徑、DENSO 與豐田通商以量子電腦計算曼谷的最適化交通量。日本量子運輸計畫（Quantum Transformation Project）針對飛行計程車（見第 70 頁）即時以量子電腦計算最適航線以及航班時刻表，成功提升 70%的同時飛行數量。

未來商業模式預測

量子電腦的目標是要實現「萬能量子電腦」

　　量子電腦的目標是要實現「萬能量子電腦〔雜訊中等規模量

※3　由 NTT、國立情報學研究所 NII 等單位所開發，可於常溫下作動的「Quantum Neural Network（QNN）」亦相當知名。

子電腦（Noisy Intermediate Scale Quantum, NISQ）〕」[4]。

○ 航空

飛機的航班管理必須考量許多複雜的參數，特別是惡劣氣候或是系統出問題時，就會增加更多的參數。如果有萬能量子電腦出現，發生混亂情形時就可以判斷解決方案或是提出規避策略。

○ 金融

投資家可以藉此設定最適投資組合、設定衍生性金融商品交易的最適價格。此外，也可以更正確地鎖定異常交易、發現不正常的狀態。

○ 材料、醫療

倘若可以藉由萬能量子電腦完全正確模擬或是預測，即可降低材料或是醫療藥品開發的時間與成本。

萬能量子電腦應該可在 2050 年實現，日本方面也在進行射月研究開發計畫。預計到 2050 年之後，萬能量子電腦可以在短時間內計算、模擬、正確進行預測，因此也可能會造成各個市場發生劇烈變化。

※4 搭載雜訊修正技術的量子電腦。雖然每一個量子位元的雜訊很少，但是持續運作計算，雜訊就會一直不斷累積，因此雜訊耐性必須要達到 100 萬位元以上。這樣一來，量子位元數就必須增加（可擴展性）。

量子電腦

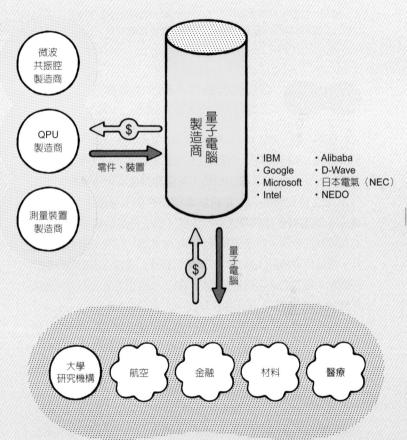

微波共振腔製造商

QPU製造商

測量裝置製造商

量子電腦製造商

$

零件、裝置

・IBM
・Google
・Microsoft
・Intel

・Alibaba
・D-Wave
・日本電氣（NEC）
・NEDO

$

量子電腦

大學研究機構　航空　金融　材料　醫療

197

可任意運用的模控、虛擬化身頭像

模控、虛擬化身頭像技術[*1] 模糊了人類身體與虛擬化身機器人[*2] 的分界，預計到 2050 年左右人類的活動範圍將不受限制。

虛擬化身機器人技術的關鍵在於生物訊號、機器人控制、VR

日本方面，MELTIN MMI 以及 Telexistence 正著手進行虛擬化身機器人等技術開發。藉由「生物訊號處理」、「機器人結構控制」、「VR」三大核心科技，可望實現虛擬化身機器人。如利用獨立開發出的「生物訊號處理演算法」檢測人類生物訊號[*3]，讓虛擬化身機器人得以行動。過去要讓機械手指動作是非常困難的事情，現在只需要利用生物訊號即可完美復刻真人動作。虛擬化身機器人裝有可以讓機械身體、機械手臂更有自由度的關節，成功完成可由真空吸盤或是二指夾爪等組合而成的機械手臂等。

操作方面，不需要特別訓練，就可以讓操作者以直覺方式操作虛擬化身機器人。操作者使用 VR，即可在視覺與身體感覺之間幾乎沒有差異的狀態下進行操作。這個部分的技術是在機器人與操縱者之間使用超低延遲傳送資訊技術。

除此之外，為了不讓操縱者對 VR 感到頭暈，也致力於提供舒適性較高的使用者介面（User Interface, UI），使用低成本且可大量生產的設計。再者，也具有不易損毀的堅固設計、高設計

※1 可以遠距操作那臺像是自己分身、可以共享感覺的「替身機器人」，讓網路（cyber）空間與身體（physical）空間高度融合，實現可往來、生活於兩個空間／世界的虛擬化身機器人技術。

感等特徵。虛擬化身機器人由於比較小型、不需要特別篩選適合導入應用的場所，可以讓導入前後的環境變化差異達到最小。

- -

未來商業模式預測

提升勞動力與生產力，並且可以產生新的商業模式

導入虛擬化身機器人可以預防勞動力不足、提升生產力。即使是危險的作業，也可以讓操作者在安全的場所完成該項作業，年長的專業技師也可以用遠距方式進行操作，對新進人員的教育、培訓貢獻度極高。在不久的將來，還可以將單一操作者的虛擬化身頭像切換至多個遠距現場，實現多重作業的狀態。

虛擬化身機器人可以考慮導入以下市場。截至目前為止已經導入便利商店，以及建設工程現場等較危險的作業環境。

○ 便利商店

即使是在狹窄的零售商店鋪空間內，也可以進行商品陳列作業。

○ 建設工地現場等的危險作業

在建設工地現場等進行高處作業，或是在核能發電廠等進行危險作業時，都可以運用這種虛擬化身機器人。發生自然災害時，可以由複數人員操作千臺以上的虛擬化身機器人進行土石清潔作業，以及救援作業。

199

※2 係指成為自己（操作者）的分身的人物，在此指會與操作者同時採用相同行動的機器人。是 ※1的「替身機器人」。
※3 在生物體內流動的電力訊號。如從大腦傳送電力訊號後讓雙手動作，相反的該感覺可

◎ 宇宙

身處於地球，卻可以透過虛擬化身機器人成為宇宙飯店的服務人員並進行相關作業。太空站或是月球表面都市的建設作業，皆可以同樣的方式進行。

除此之外，向衛星補給燃料的衛星或是修理故障衛星的衛星，都必須仰賴這種模控、虛擬化身頭像技術。

◎ 醫療

在醫療領域方面，可以將極小尺寸的奈米虛擬化身機器人放入體內，達到預防、治療疾病的目的。

◎ 娛樂

和以往那種從觀眾席欣賞比賽的方式不同，未來將會成為一種完全參與型的體驗，可以運用 VR 等在虛擬空間內共享選手視角，自己也能體驗感受選手當下的感覺，甚至會有一種彷彿是自己上場比賽般的臨場感。如 Hacosco、cluster 等企業正在虛擬空間中展開的娛樂商業模式。

如同日本政府正在進行的射月研究開發計畫，讓虛擬世界與真實世界之界線日益模糊的相關技術持續進化中，預計在 2050 年左右或是之後可望達成。

以再透過電力訊號回傳至大腦。

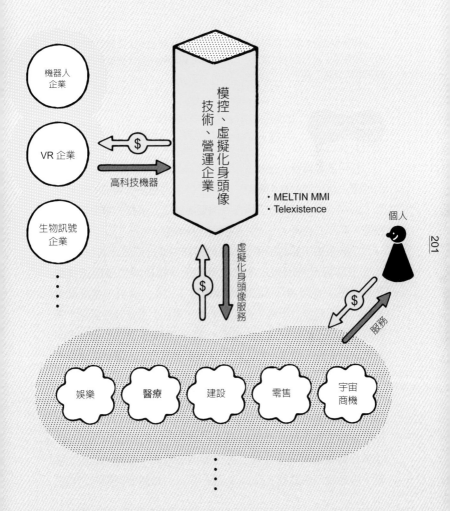

模控、虛擬化身頭像

機器人
企業

VR 企業

$

高科技機器

生物訊號
企業

模控、虛擬化身頭像
技術、營運企業

· MELTIN MMI
· Telexistence

$

虛擬化身頭像服務

個人

$

服務

娛樂　醫療　建設　零售　宇宙商機

201

學習魚類動作！
搭乘水中機器人移動

模仿生物的大型水中機器人正在開發中。人類之所以要模仿生物的理由，說明如下。一旦得以實現，即可成為兼具節能、高速移動以及安全性的次世代交通工具。

New Technology

取經於水棲生物的動作，可提升能源效率

利用水中機器人在水上或是水中移動的時代應該已經到來。目前還只有小型的水中機器人，讓我們來介紹一下目前的開發情形。Swimming Robot 又稱作「魚型機器人」，是一種模仿魚類體型、動作的機器人。為什麼要模仿魚類呢？

一般來說，船舶或是潛水艇等的螺旋槳推進效率約為 40～50%，就算是特別強化推進效率的特殊螺旋槳也僅能夠達到 70% 左右，從能源效率的觀點來看並不完美。此外，螺旋槳具有難以急加減速、不易急迴旋的問題，再加上還會有在長滿水藻的河川或是湖泊中被纏住的風險。這一切問題的解決方法就是向水棲生物取經。模擬水棲生物的高效率游泳方法，讓水中機器人得以在水中或是水上完成最適移動方式[※1]。

德國企業 Festo 所開發出的「BionicFinWave」是一種藉由讓左右側波浪狀的藍色魚鰭連續運動，以獲得推動力的機器人。矽膠製的左右魚鰭上分別附有九個小的槓桿臂（lever arm）。該槓桿臂會由機器人主體上的二臺伺服電機（Servomotor）驅動，再透過二個曲軸（crankshaft）讓二片魚鰭分別動作。話說

※1 麥奇鉤吻鮭（學名：Oncorhynchus mykiss）被分類為高速魚。推進效率約為 60～70%，可以急遽地加減速，亦具有可急迴旋的可迴旋性，是擁有優異加減速特性的魚類，因此水中機器人相關論文一定會提到牠們。然而，目前還未出現麥奇鉤吻鮭型的

回來，這種機器人的設計靈感來自於海扁蟲（Polyclad flatworm）、魷魚、尼羅尖吻鱸（Lates niloticus）等生物。

此外，MIT 的 CSAIL 開發出「SoFi」這種魚型機器人。SoFi 前方裝有控制裝置、浮力裝置、齒輪泵、胸鰭、相機鏡頭，後方則是矽膠的柔軟魚身。

再者，洛桑聯邦理工學院（EPFL）開發出蛇型機器人。日本東北大學亦有參與該研究。該機器人的名稱為「AgnathaX」。其流暢的脊椎運動令人驚嘆不已，彷彿像是一條真正的蛇。據說發明這種機器人的目的，是為了研究脊椎動物的神經系統。

未來商業模式預測　水中機器人可以活躍於所有水中場域

水中機器人的商業模式可以從現有水上、海上的商業模式進行推測，因此可望銷售至以下市場：

○ 海運、商船

與航空輸送或陸上輸送比較起來，船舶具有可運送大型、大量、重量較重貨物的優勢。使用水中機器人，可以提升推進效率與能源效率，並且實現成本較低的海上運輸。

○ 觀光、休閒度假

在湖邊或海邊等的觀光業方面，可以運用於水上或是水中遊覽等。此外，亦有可能以富裕階層為對象銷售休閒度假專用的水

水中機器人。

中機器人。

○ 漁業、釣魚

漁船也有可能變成（非目前現有形狀的）水中機器人。魚群探知機一旦有所感應，即可派出水中機器人前往進行探索，或許可以提升推進效率、及時追蹤魚群。

○ 深海、海底調查

假設水中機器人能夠承受深海水壓，從靈敏性、能源效率的觀點來看，很有可能改變深海魚以及深海地形相關的調查方法。

○ 軍事、安全保障

可用水中機器人取代潛水艦，由於可以進行急加減速、急迴旋等動作，應該可以讓以海洋為舞臺的軍事、安全保衛場域更具多樣性。

水中機器人目前的應用主要著眼於水中攝影、了解生物複雜性的動作以及神經系統等，還未達到人類可以乘坐的大型尺寸。然而，預估最遲到 2050 年左右可以期待出現大型水中機器人。

水中機器人

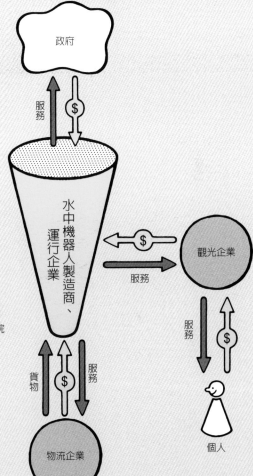

政府

服務

$

水中機器人製造商、運行企業

$ ← 服務 → 觀光企業

- Festo
- CSAIL
- 洛桑聯邦理工學院

貨物 $ 服務

服務 $

物流企業

個人

結語

　　過去許多預測未來的相關書籍都是由大企業的總經理或是知名人士執筆撰寫。這次本人竟然身處執筆者之列，深感惶恐，同時也想要表達我的感謝之意。

　　那個……不知道各位覺得這本書如何呢？
　　想必可以從各位讀者身上得到各式各樣的意見回饋。或許本書會有一些讓讀者覺得「哇～」的新科技或是商業模式主題，或是會讓人覺得「不不不，這個主題應該要這樣才對吧!?」等想要提出不同見解。如同「前言」所述，本書並不著重於技術預測的命中率，而是著眼於是否能夠提出一些對各位讀者有所幫助的觀點。因此，如果各位能夠透過本書稍微獲得一些東西或是想法，我想本書的目的就算達成了。

　　本書走筆至此，我認為這些有如 SF（科幻小說）般的世界應該會在不遠的將來成為事實。然後，在接下來的未來世界裡，次世代 SF 作家或是電影導演就可以發想出更多嶄新的科技或是世界觀。那些妄想只會不停地增長。
　　在此再次深深地感謝一直以來與我互動的各位讀者。

參考文獻

1 ALE股份有限公司 ·················· https://star-ale.com/

2 INNOPHYS股份有限公司 ·················· https://innophys.jp/
CYBERDYNE 股份有限公司 ·················· https://www.cyberdyne.jp/
ATOUN股份有限公司 ·················· https://atoun.co.jp/

3 next-system 股份有限公司 ·················· https://www.next-system.com/virtualfashion
樂天集團股份有限公司 ·················· https://corp.rakuten.co.jp/news/update/2018/0723_01.html
nanashi股份有限公司 ·················· https://karitoke.jp/top
objcts.io ·················· https://objcts.io/
Sapeet股份有限公司 ·················· https://about.sapeet.com/
Psychic VR Lab股份有限公司 ·················· https://psychic-vr-lab.com/service/
Alibaba Group（Youtube） ·················· https://www.youtube.com/watch?v=-HcKRBKlilg
HIKKY股份有限公司 ·················· https://www.hikky.life/
S-cubism股份有限公司 ·················· https://ec-orange.jp/vr/
Hacosco股份有限公司 ·················· https://hacosco.com/2017/01/cnsxhacosco/
eBay Japan股份有限公司
（PR TIMES） ·················· https://prtimes.jp/main/html/rd/p/000000009.000015238.html
kabukipedir（Twitter） ·················· https://twitter.com/kabukipedir
airCloset 股份有限公司 ·················· https://corp.air-closet.com/
STRIPE INTERNATIONAL股份有限公司 ··· https://mechakari.com/
GRANGRESS股份有限公司 ·················· https://www.rcawaii.com/

4 Mink ·················· https://www.minkbeauty.com/
Panasonic 股份有限公司 ·················· https://www.panasonic.com/jp/corporate/brand/story/makeup.html
The Procter & Gamble Company ······· https://www.pgcareers.com/opte
FOREO ·················· https://www.foreo.com/institute/moda

5 日本電氣股份有限公司 ·················· https://jpn.nec.com/techrep/journal/g18/n02/180220.html
富士通股份有限公司 ·················· https://www.fujitsu.com/downloads/JP/microsite/fujitsutransformationnews/journal-archives/pdf/2020-05-25-01.pdf
Singular Perturbations 股份有限公司 ··· https://www.singularps.com/

6 日本電氣股份有限公司 ·················· https://jpn.nec.com/rd/technologies/201805/index.html
NTT Communications
股份有限公司 ·················· https://www.ntt.com/about-us/press-releases/news/article/2021/0819.html
Digital Garage 股份有限公司 ·················· https://www.garage.co.jp/ja/

〃 https://www.garage.co.jp/ja/pr/release/2021/02/20210218/

ZenmuTech 股份有限公司 .... https://www.zenmutech.com/

Acompany 股份有限公司 .... https://acompany.tech/

〃 .... https://acompany.tech/news/meidai-hos_acompany/

EAGLYS 股份有限公司 .... https://www.eaglys.co.jp/

7 國立研究開發法人資訊通訊研究機構 https://www8.cao.go.jp/space/comittee/27-anpo/anpo-dai27/
siryou3.pdf

東芝股份有限公司 .... https://www.global.toshiba/jp/technology/corporate/rdc/rd/
topics/21/2110-01.html

〃 .... https://www.global.toshiba/jp/technology/corporate/rdc/rd/
topics/21/2108-02.html

8 Spacedata 股份有限公司 .... https://spacedata.ai/ja.html#home

Symmetry Dimensions Inc. .... https://symmetry-dimensions.com/jp/

9 Keigo Matsumoto .... https://www.cyber.t.u-tokyo.ac.jp/~matsumoto/unlimitedcorridor.
html

Infinite Stairs（youtube） .... https://www.youtube.com/watch?v=s6Lv6HQCvZ8

HTC .... https://www.vive.com/jp/accessory/vive-tracker/

10 Wyss Institute .... https://wyss.harvard.edu/media-post/lung-on-a-chip/

Fraunhofer Institute for Material and
Beam Technology IWS Dresden .... https://www.iws.fraunhofer.de/en/newsandmedia/press_
releases/2018/presseinformation_2018-13.html

國立研究開發法人
日本醫療研究開發機構（AMED） https://www.amed.go.jp/program/list/13/01/004.html

11 Oura Health .... https://ouraring.com/

Grace imaging 股份有限公司 .... https://www.gr-img.com/

CAC 股份有限公司 .... https://www.cac.co.jp/news/topics_190123.html

Astinno .... https://www.gracecooling.com/

Nature Biomedical Engineering
volume 4, pages624–635 (2020) https://www.nature.com/articles/s41551-020-0534-9

12 不二製油股份有限公司 .... https://www.fujioil.co.jp/product/soy/

丸米（marukome）股份有限公司 .... https://www.marukome.co.jp/daizu_labo/

Basefood 股份有限公司 .... https://basefood.co.jp/

Huel .... https://jp.huel.com/

13 Takuji Narumi .... https://www.cyber.t.u-tokyo.ac.jp/~narumi/metacookie.html

	Food Research International, Volume 117, March 2019, Pages 60-68	https://www.sciencedirect.com/science/article/abs/pii/S0963996918303983
	明治大學	https://www.meiji.ac.jp/koho/press/6t5h7p0000342664.html
	〃	https://www.meiji.ac.jp/koho/press/6t5h7p00001d4hfr.html
	Michel/Fabian	http://www.michelfabian.com/goute/
14	Natural Machines	https://www.naturalmachines.com/foodini
	Moley Robotics	https://moley.com/
	Wide Afternoon	https://ovie.life/
	Redwire	https://redwirespace.com/products/amf/
15	Xenoma	https://xenoma.com/products/eskin-sleep-lounge/
	Philips・JAPAN股份有限公司	https://www.philips.co.jp/c-e/hs/smartsleep/deep-sleep-headband.html
	MOONA	https://en.getmoona.com/
	SWANSWAN	https://www.swanswan.info/
16	SkyDrive股份有限公司	https://skydrive2020.com/
	teTra aviation股份有限公司	https://www.tetra-aviation.com/
	eVTOL Japan 股份有限公司	https://www.evtoljapan.com/
	Eve	https://eveairmobility.com/
	Halo	https://www.fly-halo.com/
	BAE Systems	https://www.baesystems.com/en/home
	Lockheed Martin	https://www.lockheedmartin.com/
	L3Harris	https://www.l3harris.com/
17	HyperStealth Biotechnology	https://www.hyperstealth.com/
	東京大學先端科學技術研究中心身體資訊學領域稻見研究室 Science, Volume 314, Issue 5801, pp.977-980 (2006)	https://star.rcast.u-tokyo.ac.jp/opticalcamouflage/
18	宮崎大學	http://www.miyazaki-u.ac.jp/mech/mprogram/20210525_01_press.pdf
	QD Laser	https://www.qdlaser.com/
19	University of Colorado Boulder	https://www.colorado.edu/today/2021/02/10/thermoelectric
	東京工業大學	https://www.titech.ac.jp/news/2020/048227
	大阪大學	https://resou.osaka-u.ac.jp/ja/research/2018/20180618_1
	早稻田大學	https://www.waseda.jp/top/news/59829
	靜岡大學電子工學研究所	https://www.rie.shizuoka.ac.jp/pdf/2016/p/P-34.pdf

	MATRIX	https://www.powerwatch.com/pages/power-watch-japan
20	日立造船股份有限公司	https://www.hitachizosen.co.jp/business/field/water/desalination.html
	University of California, Berkeley	https://news.berkeley.edu/2019/08/27/water-harvester-makes-it-easy-to-quench-your-thirst-in-the-desert/
	SOURCE	https://www.source.co/
	WOTA股份有限公司	https://wota.co.jp/
	宇宙航空研究開發機構（JAXA）	https://iss.jaxa.jp/iss/ulf2/mission/payload/mplm/#wrs
	栗田工業股份有限公司	https://www.kurita.co.jp/aboutus/press190724.html
	Gateway Foundation	https://gatewayspaceport.com/
21	MIT Media Lab	https://www.media.mit.edu/
	Affectiva	https://www.affectiva.com/
22	Sylvester.ai	https://www.sylvester.ai/cat-owners
	蒙特婁大學	https://ja.felinegrimacescale.com/
	日本電氣股份有限公司	https://jpn.nec.com/press/202109/20210928_01.html
	Anicall	https://www.anicall.info/
23	SpaceX	https://www.spacex.com/vehicles/starship/
	〃	https://www.spacex.com/updates/inspiration4/index.html
	Virgin Galactic	https://www.virgingalactic.com/
	Blue Origin	https://www.blueorigin.com/news/first-human-flight-updates
24	Virign Hyperloop	https://virginhyperloop.com/
	Hyperloop TT	https://www.hyperlooptt.com/
	Delft Hyperloop	https://www.delfthyperloop.nl/
	MIT Hyperloop	https://www.mithyperloop.mit.edu/
	日立製作所	https://www.hitachi.co.jp/
25	Gravity Industries	https://gravity.co/
26	NTT DOCOMO股份有限公司	https://docomo-openhouse.jp/2020/exhibition/panels/B-06.pdf
	小米（Xiaomi）	https://blog.mi.com/en/2021/01/29/forget-about-cables-and-charging-stands-with-revolutionary-mi-air-charge-technology/
	東京大學川原研究室	https://www.akg.t.u-tokyo.ac.jp/archives/2334
27	Astroscale	https://astroscale.com/ja
	ClearSpace	https://clearspace.today/
	D-Orbit	https://www.dorbit.space/
	Starfish Space	https://www.starfishspace.com/
	SKY Perfect JSAT Holdings	https://www.skyperfectjsat.space/news/detail/sdgs.html

參考文獻

ALE 股份有限公司 ……………………… https://star-ale.com/technology/

28 東京大學生產技術研究所 ……………………… https://www.iis.u-tokyo.ac.jp/ja/news/3567/

Lancaster University ……………………… https://www.lancaster.ac.uk/news/vegetables-could-hold-the-key-
to-stronger-buildings-and-bridges

Chip[s]Board ……………………… https://www.chipsboard.com/

Mapúa University ……………………… https://www.mapua.edu.ph/News/article.aspx?newsID=2148

29 LESS TECH ……………………… https://www.lesstech.jp/

IEEE（Draper） ……………………… https://spectrum.ieee.org/drapers-genetically-modified-cyborg-
dragonfleye-takes-flight

University of California, Berkeley ……… https://news.berkeley.edu/2015/03/16/beetle-backpack-steering-
muscle/

30 高知工科大學 ……………………… https://www.kochi-tech.ac.jp/power/research/post_35.html

日本氣象廳 ……………………… https://www.jma.go.jp/jma/index.html

31 StartRocket ……………………… https://theorbitaldisplay.com/

32 MIT Media Lab ……………………… https://www.media.mit.edu/projects/sleep-creativity/press-kit/

33 京都大學 ……………………… https://www.kyoto-u.ac.jp/sites/default/files/2021-09/20210824-
ueda-93feaa9c0cdd2bbb40851ac54ed503a8.pdf

〃 ……………………… https://www.kyoto-u.ac.jp/sites/default/files/embed/
jaresearchresearch_results2015documents150722_201.pdf

Pivot Bio ……………………… https://www.pivotbio.com/

Tsubame BHB 股份有限公司 ……………… https://tsubame-bhb.co.jp/news/press-release/2020-10-22-1644

國立研究開發法人
產業技術綜合研究所 ……………………… https://www.aist.go.jp/aist_j/press_release/pr2014/pr20140918/
pr20140918.html

Reaction Engines ……………………… https://www.reactionengines.co.uk/news/news/reaction-engines-
stfc-engaged-ground-breaking-study-ammonia-fuel-sustainable-
aviation-propulsion-system

34 早稻田大學 ……………………… https://www.waseda.jp/top/news/22187

國立研究開發法人
物質、材料研究機構 ……………………… https://www.nims.go.jp/news/press/2017/12/201712210.html

Delft University of Technology ………… https://repository.tudelft.nl/islandora/object/uuid:8326f8b3-a290-
4bc5-941d-c2577740fb96?collection=research

東京大學 ……………………… https://www.t.u-tokyo.ac.jp/shared/press/data/setn
ws_201712151126279241637212_338950.pdf

理化學研究所 ················· https://www.riken.jp/press/2021/20211111_1/index.html

35 Neuralink ··················· https://neuralink.com/

Meta ······················ https://about.facebook.com/ja/

36 SpaceX ···················· https://www.starlink.com/

OneWeb ··················· https://oneweb.net/

Amazon ···················· https://www.amazon.jobs/en-gb/teams/projectkuiper

China Aerospace Science and
Technology Corporation ····· http://english.spacechina.com/n16421/index.html

37 石油天然氣、金屬礦物資源機構
（JOGMEC） ················ https://mric.jogmec.go.jp/news_flash/20080129/22541/

Journal of Environmental
Biotechnology
（環境生物科技學會誌）
Vol. 11, No. 1・2, 39–46, 2011 ······· https://www.jseb.jp/wordpress/wp-content/uploads/11-12-039.pdf

ESA ······················· https://www.esa.int/ESA_Multimedia/Images/2019/03/BioRock

38 福岡工業大學 ··············· https://www.fit.ac.jp/juken/fit_research/archives/7

國立研究開發法人
新能源產業技術綜合開發機構 ········· https://www.nedo.go.jp/news/press/AA5_101473.html

39 Virgin Galactic ············· https://www.virgingalactic.com/

Blue Origin ················ https://www.blueorigin.com/

SpaceX ···················· https://www.spacex.com/

Bigelow Aerospace ·········· https://bigelowaerospace.com/

Axiom Space ··············· https://www.axiomspace.com/

Space Perspective ·········· https://www.spaceperspective.com/

World View ················ https://worldview.space

KuangChi Science ·········· http://www.kuangchiscience.com/cloud?lang=en#B

SPACE BALLOON ············ https://www.spaceballoon.co.jp/

40 SpaceWorks ················ https://www.nasa.gov/sites/default/files/files/Bradford_2013_PhI_
Torpor.pdf

ESA ······················· https://www.esa.int/Enabling_Support/Space_Engineering_
Technology/Hibernating_astronauts_would_need_smaller_
spacecraft

41 清水建設股份有限公司 ········· https://www.shimz.co.jp/topics/dream/content01/

42 大學共同利用機構法人自然科學研究機構
核融合科學研究所（NIFS） ········· https://www.nifs.ac.jp/

參考文獻

國立研究開發法人量子科學技術
研究開發機構（QST） ·················· https://www.qst.go.jp/site/fusion/

General Fusion ·················· https://generalfusion.com/

Helion Energy ·················· https://www.helionenergy.com/

43 宇宙系統開發利用推進機構
　　　（JSS） ·················· https://www.jspacesystems.or.jp/project/observation/ssps/

京都大學篠原研究室 web ·················· http://space.rish.kyoto-u.ac.jp/shinohara-lab/index.php

44 Thoth Technology ·················· http://thothx.com/home

45 橫濱國立大學先端科學高等研究院
颱風科學技術研究中心 ·················· https://trc.ynu.ac.jp/

46 Climeworks ·················· https://climeworks.com/

Hypergiant Industries ·················· https://www.hypergiant.com/

Air Company ·················· https://aircompany.com/

47 IBM ·················· https://www.ibm.com/jp-ja/quantum-computing

Microsoft ·················· https://azure.microsoft.com/ja-jp/services/quantum/#product-overview

Intel ·················· https://www.intel.com/content/www/us/en/newsroom/resources/press-kits-quantum-computing.html#gs.hs6vnl

Alibaba ·················· https://damo.alibaba.com/labs/quantum

D-wave ·················· https://dwavejapan.com/

　　〃 ·················· https://dwavejapan.com/app/uploads/2019/12/Final_D-Wave_DENSO_case_study_2019_11_22.pdf

日本電氣股份有限公司 ·················· https://jpn.nec.com/quantum_annealing/index.html

豐田通商股份有限公司 ·················· https://www.toyota-tsusho.com/press/detail/171213_004075.html

48 MELTIN MMI ·················· https://www.meltin.jp/

Telexistence ·················· https://tx-inc.com/ja/top/

49 Festo ·················· https://www.festo.com/gb/en/e/about-festo/research-and-development/bionic-learning-network/bionicfinwave-id_32779/

MIT CSAIL ·················· https://www.csail.mit.edu/research/sofi-soft-robotic-fish

Swiss Federal Institute of
Technology in Lausanne ·················· https://www.epfl.ch/labs/biorob/research/amphibious/agnathax/

國家圖書館出版品預行編目（CIP）資料

未來商業模式預測圖/齊田興哉著；張萍譯.
-- 初版. -- 臺北市：書泉出版社, 2023.05
　　面；　　公分
譯自：ビジネスモデルの未来予報
ISBN 978-986-451-310-9(平裝)
1.CST：科學技術 2.CST：技術發展 3.CST：
產業發展
409　　　　　　　　　　　　　112004375

3M8J

未來商業模式預測圖
ビジネスモデルの未来予報図

作　　者：齊田興哉
譯　　者：張　萍
發 行 人：楊榮川
總 經 理：楊士清
總 編 輯：楊秀麗
主　　編：侯家嵐
責任編輯：吳瑀芳
文字校對：陳俐君
封面設計：姚孝慈
出 版 者：書泉出版社
地　　址：106臺北市大安區和平東路二段339號4樓
電　　話：（02）2705-5066
傳　　真：（02）2706-6100
網　　址：https://www.wunan.com.tw
電子郵件：shuchuan@shuchuan.com.tw
劃撥帳號：01303853
戶　　名：書泉出版社
總 經 銷：貿騰發賣股份有限公司
電　　話：886-2-82275988
傳　　真：886-2-82275989
網　　址：www.namode.com
法律顧問：林勝安律師
出版日期：2023年5月初版一刷
定　　價：新臺幣350元